油气藏大数据技术与应用实践

李松泉　王　娟　万晓龙　梅启亮　著

石油工业出版社

内 容 提 要

本书旨在探讨人工智能、大数据、物联网等高新技术在油气行业中的应用，并以中国石油长庆油田公司为例，介绍数字化转型与智能化发展的典型项目与应用研究，包括针对油气行业的数字化转型、勘探与生产中的数字化、三维地震体数据智能化应用、测井智能解释、岩石薄片智能鉴定技术、地质设计安全风险智能分析、面向生产的油气藏智能诊断及预警、油气田产量预测与智能配产、大平台多学科一体化专家决策平台等方面。这些项目的实际应用为长庆油田降本增效、产量提升、安全环保等带来了积极效果，同时也为未来油田的可持续发展奠定了良好的基础。

本书可供油气田开发工程技术和生产管理人员及相关科研人员参考，也可作为高等院校相关专业师生的参考书。

图书在版编目（CIP）数据

油气藏大数据技术与应用实践 / 李松泉等著 . —北京：石油工业出版社，2024.1

ISBN 978-7-5183-6096-3

Ⅰ. ①油… Ⅱ. ①李… Ⅲ. ①油气藏 – 数据处理

Ⅳ. ① P618.13-39

中国国家版本馆 CIP 数据核字（2023）第 119703 号

出版发行：石油工业出版社

（北京安定门外安华里 2 区 1 号　100011）

网　　址：www.petropub.com

编辑部：（010）64523710

图书营销中心：（010）64523633

经　　销：全国新华书店

印　　刷：北京九州迅驰传媒文化有限公司

2024 年 1 月第 1 版　2024 年 1 月第 1 次印刷

787×1092 毫米　开本：1/16　印张：8.75

字数：227 千字

定价：80.00 元

《油气藏大数据技术与应用实践》
编 写 组

组　　长：李松泉

副组长：王　娟　　万晓龙　　梅启亮

成　员：姚卫华　　杨　倬　　邹永玲　　蔡少锋

　　　　李　良　　陈　芳　　薛　媛　　高　源

　　　　魏红芳　　邓红梅　　王小萌　　焦　扬

　　　　苏建华　　王卫娜　　武　璠　　梁立星

　　　　何庆兵　　李　蕊　　贾刘静　　蔡　亮

　　　　姜　淇　　梁　倩　　杨新刚

前　言

　　以 ABCD5TIM（A：人工智能；B：区块链；C：云计算；D：数据科学；5：5G 通信；T：数字孪生；I：物联网；M：元宇宙）为代表的高新前沿技术正在颠覆各行各业，油气工业也不例外，一场数字化转型与智能化发展的浪潮正在席卷国内外油气田。国内外学者在地质分析、测井解释、地震解释、"甜点"预测、地质建模、油藏模拟等方面均开展了数智化（数字化转型与智能化发展）探索与应用研究，取得了良好的效果，具体表现在：（1）在岩心分析领域，深度学习算法可用于图像识别并进而进行孔隙结构特性参数提取、网络建模与动态仿真。传统的岩石薄片图像鉴定以肉眼观察和描述为主，存在实验周期偏长、定量困难、效率较低、受主观影响较大等一系列问题。人工智能（AI）深度学习算法可对岩石薄片进行矿物识别、信息提取、岩心重构、特征标注、孔隙识别等处理，具有快速、精确度高等优点。（2）在测井曲线解释方面，常规的储层参数预测方法是通过经验公式或简化地质条件建立模型，计算储层参数，对于解决一般地质储层问题能取得较好的效果，对于复杂地质问题预测精度不高。人工智能（AI）深度学习神经网络的发展为地质储层参数预测带来了新的途径，该技术可以自主地学习曲线特征，避免了人为提取的误差，既能做岩石性质、岩石类型、沉积微相的自动识别，也可以做储层物性参数自动解释。（3）对地震资料解释而言，充分利用大量地震数据获取地下信息是深度学习的攻关方向之一。基于深度卷积生成对抗网络的叠前地震波形分类方法，既保留了深度卷积神经网络的特征提取能力，又能通过有标签数据辅助训练，有效提高了识别精度。采用合成地震记录生成训练数据集，训练卷积神经网络模型，不但能检测断层，而且还能检测出断层的倾角，预测效果明显优于以前的相干系数和断层似然概率算法。（4）对油气"甜点"的智能化预测，在非常规油藏开发过程中，通过将射孔、水力压裂层位的信息以及油气生产数据进行关联，可建立层位与生产数据之间的关联规则；然后采用聚类算法进行分析，确定"甜点"层位。（5）有关生产动态历史拟合与数值模拟及其预测，基于深度学习的数据驱动历史拟合方法，预测结果比模型驱动的历史拟合方法更加可靠。例如，通过卷积神经网络＋主成分分析相结合的历史拟合方法，无论是对于已开发井的先验或后验预测，还是对于新井的生产动态预测，均可取得较高的精度。（6）在油气藏产量预测方面，深度训练网络作为初始数据驱动模型，可以在已知产气量、产油量、井口温度及压力数据、油嘴参数等各类油气井数据的前提下，创建油气井数据与油气产量之间的映射关系，对单井乃至整个井场的生产情况进行合理预测，明确配产需求。

　　本书为近几年中国石油长庆油田公司"数字化转型与智能化发展"的部分典型项目与

应用研究实例，包括：油气行业的数字化转型、勘探与生产中的数字化、三维地震体数据智能化应用、测井智能解释、岩石薄片智能鉴定技术、地质设计安全风险智能分析、面向生产的油气藏智能诊断及预警、油气田产量预测与智能配产。以上典型项目在实际应用中已对长庆油田的降本增效、产量提升、安全环保等产生了积极的作用并对未来油田的可持续发展奠定了良好的基础。

本书可供油田企事业单位、研究机构、大专院校相关工程技术与研发人员参考。由于成书仓促，水平有限，书中难免存在不足和疏漏，请多提宝贵意见。另外，由于篇幅所限，此书参考资料颇多，未能逐一列出，敬请包涵，致谢各位！

CONTENTS   目　录

第1章　油气行业数字化转型

当今世界正经历百年未有之大变局，以人工智能、大数据、云计算、物联网为主体的所谓"颠覆性技术"正在突飞猛进，它们不仅带动了一系列新业态的形成，也成为经济增长的新动力，带来了经济形态乃至人类社会形态的革命性变化。在此背景下，对于各行各业尤其是能源行业来说，数字化转型不再是"选择题"，而是关乎生存和长远发展的"必修课"。由于世界经济增速放缓，石油资源需求增速降低，特别是近十年来，国际原油价格大幅下跌，目前仍徘徊在低位。低油价给油气企业特别是上游生产企业带来了新的挑战，利润大幅下降，生产经营面临巨大困难。另外，新技术、新装备的应用以及新的商业模式、运营模式的呈现，推动了世界产业的转型升级。运用以信息技术为核心的各种新技术，与工业技术和工业生产流程深度融合，数字化创新快速启动生产力和市场规模的增长，实现数字化转型已成为创新趋势和发达国家的发展。面对国际油价震荡下跌带来的困难和挑战，油气企业提出了数字化转型的迫切需求，希望利用数字技术连接新业态、创造新动能，实现企业数字化转型。

数字化转型是以信息技术为主体的数字技术应用，改变企业战略、商业模式和客户生态系统，创造商业价值。数字技术可以描述千差万别的现实世界，可以改变产品的结构和功能。数字化转型的内涵是应用数字技术创新商业模式、产品和服务，实现数字世界和物理世界的融合，提高运营效率和经济效益，不断推动客户、市场和企业的创新和转型进程。整个业务系统。企业数字化转型是企业与数字化技术充分融合、全方位提升效率的转型过程，即利用数字化技术将企业的所有要素和环节数字化，促进技术优化，企业、人才、资金等要素资源配置，促进企业流程和生产方式重组和转变，提高企业经济效益，降低企业经营成本。通过对企业业务的数字化，实现对传统模式的转型升级，最终实现一个可以提高生产效率的转型过程。

1.1　油气行业数字化转型现状与驱动因素

1.1.1　转型发展现状

目前，数字化转型成为油气行业的必然选择，主要表现在以下4个方面[1]。

（1）适应油价波动较大的各种经济环境，能够及时做出反应和决策。

针对油价变化，需要运用系统工程、数学和经济学等理论，建立企业价值预测与评价模型，实时计算、分析、决策，及时调整生产经营策略，寻找新的业务增长点，创造新的价值。

（2）提高石油天然气勘探开发成功率，降低油气开采成本。

通过信息技术的应用，建立三维地震模型，实时采集地震数据并进行分析解释，提高勘探成功率。实现钻井过程可视化，准确判断地质状态，提高钻井成功率。通过在油田部署物联网等技术，实现远程操作和智能处理，支持企业基于数据的生产部署和决策，降低成本。

（3）提高炼化工艺安全环保水平和生产运行效率，提高经济效益。

利用物联网、大数据、人工智能等信息技术，实现现场操作可视化和预测性维护，减少非计划"停车"，保障安全稳定生产。利用线性规划、先进控制、在线调配等优化技术，提高资源利用率和产品经济价值。

（4）适应客户消费行为和习惯的变化，提高销售能力。

利用新的数字技术加强对消费者的了解，改变传统营销方式，打造生态系统，提升商业价值。拓展互联网支付方式，实现线上线下融合，提升精准营销和客户服务能力。

在全球数字经济浪潮下，进行数字化转型已成为各行业企业生存和发展的必由之路。我国经济已由高速增长转向低速增长、高质量驱动阶段。现阶段，我们将推动云计算、大数据、人工智能等新一代数字技术与实体经济深度融合，大力推进数字中国和智慧社会建设。企业数字化转型势在必行。面对产业结构调整、资源环境挑战、数字技术和创新带来的行业颠覆和机遇，我国各行业企业逆水行舟，不进则退。

1.1.2 转型发展驱动因素

（1）数字经济腾飞。

数字经济已成为各国推动经济复苏、重塑竞争优势、提升治理能力的关键力量。面对经济复苏、国际格局重塑等挑战，主要国家加快完善数字经济布局。据统计，2020年全球数字经济在GDP中的占比已超过40%，可见数字经济已成为世界经济增长的重要动力源泉[2]。数字经济是我国实现高质量增长的重要动力，传统产业数字化转型势在必行。中国信息通信研究院发布的《中国数字经济发展白皮书（2021）》显示，2020年中国产业数字化规模将达到31.7亿元，占数字经济的80.9%，占GDP的31.2%。农业、工业和服务业的数字化普及率分别为8.9%、21%和40.7%。产业数字化转型加速，融合发展向更深层次演进。

（2）政策密集出台。

从政策支持来看，相关企业数字化转型政策集中出台，为推动中国企业数字化发展提供了引导和推动措施。2020年3月，工业和信息化部（简称为工信部）发布《中小企业数字化赋能专项行动计划》，鼓励云计算、人工智能、大数据、边缘计算等新一代信息技术及应用、5G引导数字服务提供商。针对中小企业数字化转型需求，同年4月，国家发展和改革委员会（简称为发改委）、中央网信办印发《关于推进"用数据赋能云上智慧"行动促进新经济发展的实施方案》，鼓励探索大数据、人工智能、云计算新一代数字技术应用和集成创新。2020年9月，国务院国有资产监督管理委员会（简称为国资委）印发《关于加快国有企业数字化转型的通知》，旨在推动国有企业数字化、网络化、智能化发展，增强竞争力、创新、控制、影响、抵抗和抗风险能力，同时提升产业基础能力和产业链现代化水平。在《中华人民共和国国民经济和社会发展第十四个五年规划纲要和面向2035年远景目标纲要》中，"加快数字化发展，建设数字中国"作为独立章节，将创造新的数字时代。发挥数字经济优势，坚持新发展理念，创建良好的数字生态被列为"十四五"期间的目标任务之一。

（3）市场供求波动。

数字化可以有效化解市场供需波动带来的风险，帮助企业形成以客户为中心的服务运营体系。企业要生存，就必须时刻应对供需市场波动带来的风险，面对供需市场的大幅波动，传统商业模式难以生存。数字化企业可以综合利用云计算、大数据、人工智能等技术进行提前预测，研判市场危机，采取合理应对措施，有效规避市场风险。通过业务与技术的深度融合，数字化企业利用完整的数字化平台基础，有效整合多方资源共享，通过数据的高效利用，为企业内外客户提供更加精准、个性化、多元化、定制化、生态化的智慧，促进企业从"以产品为中心"向"以客户为中心"转变，从而确保企业在未来的竞争中保持不败的优势。

（4）新技术开发。

"新 IT"可以给企业的发展带来质和量的提升，避免企业不必要的资源浪费。当前，随着云计算、大数据、人工智能、5G 等数字技术的快速发展，一股以数字化、网络化、信息化、智能化为特征的数字化浪潮席卷全球。实体经济数字化转型的关键是依托数字基础设施，以"端（智能终端设备 / 物联网）—边缘（边缘计算）—云（云计算）—网络（5G 和高速光纤网络）—智能（产业）"等技术为支撑，以"智"为代表的"新信息技术"将推动数字时代基础设施的代际革命。同时，服务业也将成为中国经济转型升级的引擎，通过创新生产组织形式实现全产业链、全价值链、全场景数字化。

（5）新冠肺炎疫情推动。

2020 年的新冠肺炎疫情突如其来，加速了各行业、各市场对数字化的迫切需求，开启了数字化的全方位赋能，对于很多行业来说，已经进入了革命性的重塑阶段。其中，新冠肺炎疫情带来的"非接触式"场景变化最为突出。从餐饮、购物、娱乐到办公、教育、医疗、金融、会议等以往的线下活动，已经大量线上化，重塑人们的使用和消费观念。人们的消费行为转向线上，数字教育、数字医疗、数字娱乐、数字金融、数字办公等数字服务也发生革命性重塑，形成新业态新模式。数字化的价值在抗击新冠肺炎疫情的过程中得到了充分体现，自动化程度高、数字原生化程度高、渗透面广的行业在新冠肺炎疫情期间表现较好，普遍受到的伤害较小。据中国中小企业协会数据显示，数字化成熟度高的企业比例可达 60%，而数字化成熟度相对较低的企业比例仅为 48%。

1.2　油气行业数字化转型路径与原则

1.2.1　数字化转型的内涵

数字化转型涉及企业的方方面面，从经营理念到企业文化，从生产到销售，从管理者到普通员工，是一个全方位的综合变革过程。当前的数字化转型主要集中在领导力、全方位体验、人力资源、运营模式、商业模式、信息化[1] 等领域。

（1）领导力变革。

领导力转型要求企业制订并实施数字化转型愿景和计划，充分发挥 IT 在业务转型中的引领和驱动作用。领导者需要对企业生态系统有深刻理解，并通过数字技术支持产品开发和运营创新。

（2）全方位体验蜕变。

持续提升客户、合作伙伴、员工等企业相关主体使用企业产品和服务的体验，构建生态内员工、客户、合作伙伴之间的凝聚力，加强合作关系。

（3）人力资源转型。

通过数字化手段创新和优化人力资源的获取、配置和内部整合，正确识别企业所需的人才，培养互联互通的企业文化，实现员工与数字设备的协同工作。

（4）运营模式转型。

实现业务流程的数字化和集成化，实现运营流程的自动化，促进业务运营更加高效灵活，实现敏捷的产品和服务创新。

（5）商业模式转型。

通过数字化技术手段分析商业模式对企业的适用性，建立可持续的商业模式，创新盈利模式，使企业在价值链体系中具有控制能力和独特优势，提高抗风险能力。

（6）信息转换。

建立发现和挖掘与客户、市场、交易、服务、产品、资产和业务相关的信息价值的方法，将数据作为重要资产，不仅支持决策和优化运营，而且成为重要因素为提高产品和服务附加值的手段。

1.2.2　数字化转型之路

（1）设定数字化转型目标。

数字化转型的基础是信息技术架构的优化和完善，目的是运营模式和商业模式的优化和创新，两者的有机结合构成了数字化的目标。企业领导层需要根据企业的发展战略和所拥有的资源和能力进行全面的分析和研究，制定适合企业的数字化目标，设计实施路线图，并获得企业全体员工的认可。

（2）采取数字化转型行动。

采用云计算、大数据、物联网等新兴数字技术和新一代安全技术，构建敏捷可扩展的信息技术架构。通过数字化转型项目的实施和相关技术的应用，实现产品的快速设计、验证、生产和销售，优化企业资产和生产运营，增强人员和过程安全，提高管理效率和盈利能力可以改进。

（3）实现数字化转型成果。

落实数字化转型成果，优化价值链，实现业务模式、运营方式、组织形态、资产结构、企业文化等变革升级。在现有数字化转型成果的基础上，企业还应根据内外部环境和技术的发展变化，调整和完善数字化目标，持续采取数字化行动，取得更多数字化成果，保持竞争优势。

1.2.3　油气行业数字化转型三原则

（1）高层重视和坚持。

企业数字化转型是一项长期、全面、共识的行动，需要高层重视和坚持。数字化转型是一个长期的过程，不能用短期的成功或失败来定义。转型不是通过将新一代数字技术引入企业来完成的，而是整个企业的组织架构、管理体系、人才架构、企业文化都必须随着技术的深入而不断调整。数字化转型的成功率因行业而异，企业在转型过程中应注重积累经验。虽然企业可以通过数字化转型降本增效，但转型并不容易。在高科技、传媒、电信等信息化程度较高的行业，转型成功率不超过 26%，而在石油天然气、汽车、基础设施、医药等较为传统的行业，数字化转型的成功率不高，更具挑战性，成功率只有 4%~11%。企业的数字化转型至少需要 20~30 年的时间。企业数字化转型的有效性不应该简单地用"成功"和"失败"来定义。

（2）打好数字化基础。

转型中的企业要充分利用"新 IT"技术，夯实数字化基础。现阶段，云计算、大数据、边缘计算、物联网、区块链、人工智能、5G 等新一代数字技术的不断发展与突破，为企业数字化转型发展奠定了坚实的基础。通过融合云计算、大数据、人工智能、物联网等"新 IT"融合等新一代数字技术，打造数字化基础设施一体化平台，构建企业 IT 基础，有效整合资源，实现数字化基础设施能力组件化、模块化封装，为企业业务创新提供高效、低成本的综合服务支撑，满足大量多元化客户群体的个性化需求，成为当前企业数字化基础设施建设的重要基本方向。

（3）产业与技术深度融合。

打破技术与业务的壁垒，实现产业与技术的融合，是数字化转型的前提。企业的数字化转型不能只着眼于引入新的 IT 技术，指望通过"搭建平台、实施系统"来完成数字化转型是不现实的。企业的数字化转型，特别是业务层面的数字化转型，要围绕企业价值链进行，形成业务人员和技术人员的合力，将业务运营管理经验与数字技术充分结合，让技术应用于具体业务。通过架构思维，对业务场景进行整体、全面、结构化的梳理，对独立业务进行解构和拆分，深化跨业务单元的协同合作，深化云计算、大数据、人工智能等数字化技术，打造全面覆盖企业内部管理和外部业务流程全生命周期的数字化业务平台，优化企业业务链和价值链，全面实现产业与技术的融合。

1.3　油气行业数字化项目管理

近年来，油气巨头、化工巨头纷纷走上数字化转型之路。通过自主建设、战略合作、并购等方式，快速提升数字化能力，在油气测试、生产、物流等领域涌现出一大批成功案例。点状数字技术解决方案日趋成熟（图 1.1）[3]。

从点到面，基于新数字技术的油气行业数字化整体解决方案将成为发展的必然。不久的将来，油气企业将在设计施工、生产监控、资产运营等方面部署数字化应用，实现数字化管理。业主运营模式的转变意味着，为了能够与业主的数字化系统对接，油气工程公司也将被迫在设计、采购、施工等各个环节推进数字化转型，迎接新的挑战。同时，业主方的数字化趋势也为油气工程企业带来了新的市场机遇，从全球油气产量来看，未来五年数字化投资年复合增长率将保持在 5% 以上。尽早实现数字化转型的企业，将有机会参与多领域的数字化应用建设（图 1.2）。德希尼布—富美实（TechnipFMC）公司在市场低迷中的快速增长取决于其在数字技术和服务方面的前瞻性布局和领先实践，可以预见，油气行业全面数字化转型，将为油气工程企业创造一个千亿级的市场新舞台。

油气藏大数据技术与应用实践

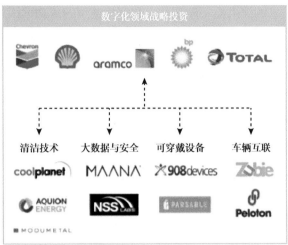

图 1.1　部分主要油气企业数字化转型应用案例[3]

○嵌入式感应器　○数据分析　●大数据　●移动设备　○云平台

图 1.2　石油天然气行业数字化应用机会示例[3]

　　项目管理是工程建设企业的核心能力。以往说到项目管理，常常想到的是没完没了的表格、没完没了的检查、没完没了的会议。在数字技术的赋能下，项目管理的便捷性和准确性得到了进一步提升，甚至获得了把握项目洞察力的新视角（图 1.3）。

6

互通性
业主运营商(O—O)和EPC系统
在整个项目生命周期中管理和交
换数字化工程和项目数据

协作与共享
O—O和EPC共享通用数据和标准
化工程创作工具

虚拟资产匹配竣工
（Virtual assets match ad built）
通用工程骨干能够及时识别可施
工性和可维护性

高效的流程
工程过程和项目管理的标准化和
加速

随时随地访问数据
整个资产生命周期中都可以使用
数据，可通过移动和分析技术实
现现场队伍转型

连续数据切换
在每个项目开始时建立数据切换
规范，可避免调试期间的工程协
调和合并过程

组织和人员
人们花更少的时间寻找工程和项
目信息

图 1.3　数字化油气工程项目管理特点

（1）基于云的项目管理。

埃森哲帮助香港中华煤气公司设计开发了基于云技术的全新项目管理系统（CPIM），与企业内部系统相连，让项目人员可以全面掌握密切监控工程物资信息，提高工程进度和物资管理水平，严格控制成本。此外，还开发了移动应用（App），帮助现场人员随时随地访问 CPIM 系统，随时了解最新项目进展，还可以用照片和视频记录事故情况，第一时间转发给分包商进行缺陷处理、沟通和运营效率巨大的改进。

（2）大数据项目管理。

Symbian 的项目管理集成系统（IBIS）集成了项目范围、时间、成本、质量、记录、知识、资源、沟通、采购和风险等十大领域的信息，并通过大数据进行分析和对比工厂配置、工作分解、成本结构等，综合评估项目完成情况、工作量和成本，及时发现逾期、超预算、人员短缺等风险。

（3）可扩展的项目管理。

在海量数据和数字化工具的支持下，项目管理可以从开工到验收进一步延伸，提高整体效率。例如，将投标阶段的计划和预算导入作为项目执行的数据依据，不仅可以有效控制项目支出，还可以反过来优化投标报价模型。在资产运营阶段，仍可沿用项目期的数据模型，并在实践中验证设计的合理性。埃森哲帮助派特法（Petrofac）打造的 Petrolytics 分析平台，可以利用人工智能（AI）和大数据模拟和预测设备在运行阶段可能出现的故障，从而优化项目计划。

1.4　油气行业数字化创新之路与关键措施

1.4.1　数字化创新之路

数字时代，业主的商业模式、管理模式与时俱进，"工程建设"的定义也在不断扩大。

未来，工程建设企业建设的不仅仅是实物资产的世界，更是数字化的"虚拟世界"。数据从硬件延伸到软件，从设备本身延伸到环境，从静态延伸到动态，从点延伸到面，最终构建了一个可交互、可操控的数字世界。对于油气工程企业来说，数字赋能在当下，数字创新成就未来，抓住数字世界的机遇是保持竞争力、扩大业务范围和提高盈利能力的唯一途径。为此，工程公司需要：

（1）阐明清晰而强大的数字愿景。

充分了解能源行业数字化转型趋势，就新形势下的业务发展方向达成共识。将数字化工程建设能力作为与实物资产建设能力同等重要的新战略主线，围绕业务目标和战略发展方向，就公司数字化转型愿景达成共识，并落实为明确的实施方案。

（2）运营数字化。

为应对当前严峻的市场挑战，油气工程公司需要首先梳理内部运作流程，挖掘各个环节的数字化提升空间，选择几个新技术领域进行突破，创造成功案例，建立信心。要详细规划运营数字化转型项目清单和实施路线图，特别是围绕建设、采购、设计、后台职能等价值链关键环节有序实施，优化运营效率，控制整体风险，提高盈利能力。整个流程的数字化释放了至少 2%～4% 的 EBITDA 企业价值。

（3）业务数字化。

在自身运营数字化的基础上，逐步规划业务系统向云服务的迁移。例如，通过统一部署和多种定制，可以对接所有业主的业务语言，与业务端系统无缝对接；业主可接入开放平台，实时同步关键项目信息；可定制平台应用，实现服务的模块化和自动化；积累历史数据和交互记录，挖掘客户差异化需求。云服务的形式赋予油气工程公司与业主更加多样、灵活的交互方式，创造新的服务形式和服务内容，以实现差异化，赢得市场竞争。

（4）生态数字化。

围绕业主需求，积极拓展生态合作，打造数字孪生世界新商业模式。例如，企业可以通过创建内部创新生态系统来转型敏捷组织，孵化新业务，支持灵活的生态合作；通过打造科技创新生态系统，积极寻求与技术领先企业的战略合作，参与数字技术解决方案的创新；通过打造商业创新生态系统，积极探索油气巨头与中小企业的合作与开放创新，寻求产业链新的价值定位。转型创新已成为当前油气行业生存和发展的主题。油气企业将加大数字化技术投入，提升整体运营效率，降低成本，通过数字化转型寻找新的业务增长点，创造新价值。目前，行业领先企业数字化转型成效显着，发挥了示范引领作用。

1.4.2　数字化转型关键措施

在全球智能制造的背景下，油气行业全产业链数字化发展取得长足进步，正在走向智能化，但石油行业的智能化应用场景主要是定制人工智能，仅解决特定项目，问题在于油气行业人工智能产业链的完整生态还不成熟。在数字化转型的战略机遇期，只有传统石油工程技术与人工智能的结合，才能赢得石油工业的未来。因此，石油企业应统筹规划智慧油气田的建设和运营，根据勘探开发、生产、科研、运营管理等业务发展和实际经营情况进行战略部署，坚持价值驱动、集成共享的导向，实行统一规划、统一标准、统一设计、统一管理。通过智慧油气田建设，可以实现运行检测与维护、开发与生产一体化智能运行管理，协同研究、业务管理与决策，提高开发生产效率和运行管理协同水平。同时，通过智慧油气田建设，还可以推动油气田开发生产主业数字化转型升级。数字化转型的关键措施如下：

（1）建立云数据中心，将应用系统迁移到云端，减少系统部署时间，提高自动化交付和服务能力。

（2）通过业务模拟和数据分析，预测判断生产经营状态，提高优化决策能力。

（3）通过远程控制和嵌入式系统控制复杂的现场操作，减少现场人力投入，降低成本和风险。

（4）基于移动技术和智能机器，减少人工劳动，提高生产力。

（5）提高资产完整性和性能，降低维护成本，提高生产运营过程的安全性和效率。

油气行业数字化转型、智能化发展将给传统观念、现有技能、业务流程、管理体系、组织架构带来巨大变革。为了应对这一挑战，石油公司应该利用智能创新应用来加快内部流程和商业模式的创新，打破区域和业务壁垒，逐步转型为数据驱动型组织。同时，整合智能技术发展趋势，围绕价值创造点开展智能技术应用和研发，助力企业稳步实现高质量发展。

1.5　国内外知名石油企业数字化转型历程

1.5.1　国外知名石油公司数字化转型历程

全球知名石油公司与 IT 企业联手探索商业智能，实现上游勘探开发业务的智能化，出现了道达尔＋谷歌云、雪佛龙＋微软、壳牌＋惠普等跨界组合。例如，壳牌智能油田重点关注协同工作环境、智能油井、光纤监控、实时生产优化、智能注水和闭环油藏管理；雪佛龙的信息油田（i-Field）专注于钻井优化、生产优化和油藏管理；英国石油公司（BP）提出的未来油田（Field of the Future）侧重于应用实时信息系统优化运营；俄罗斯天然气公司（Gazprom）数字化转型计划（DT）优先实施数字化地质勘探、数字化大型项目、数字化生产、中游业务数字化生产、数字化 HSE（健康、安全、环保）、数字化设施设备[4]。

BP 风投公司向 Beyond Limits 投资了 2000 万美元，用于开发具有类人推理能力的人工智能平台，旨在提高决策速度、管理运营风险并使决策过程自动化。2019 年 1 月，BP 向贝尔蒙科技投资 500 万美元，进一步加强 BP 上游业务的数字化转型发展。道达尔与谷歌签署协议，共同探索油气勘探开发智能解决方案，重点关注地下成像的智能处理与解释，特别是地震数据的处理与解释，以提高勘探与评价效率石油和天然气田。壳牌和微软正在共同开发 Geodesic 平台，旨在提高水平井定向控制的准确性和一致性，以精确钻入碳氢化合物含量最高的地层。该解决方案简化了钻井数据处理算法，以做出实时决策并更好地预测结果。埃克森美孚与微软合作开发了一个集成云平台，可以安全可靠地从绵延数百公里的油田收集实时数据。这些数据可帮助公司更快更好地做出有关钻井完井优化和人员部署的决策。哈里伯顿与微软结成战略联盟，将微软 Azure 智能云解决方案与勘探开发相结合，将深度学习应用于油藏表征、建模和模拟，创建高度交互的应用程序，实现油气勘探开发数字化转型。贝克休斯与 NVIDIA 合作，利用人工智能和 GPU 加速计算帮助实时提取行业数据，从地震建模到预测机器故障和优化供应链，挖掘数据价值，降低油气勘探、开发、加工和运输。2019年11月，贝克休斯、C3.ai和微软宣布建立合作伙伴关系，将微软云计算平台上的企业人工智能解决方案引入能源行业。

雪佛龙、斯伦贝谢和微软共同开发了DELFI云计算平台，将海量信息整合到一个平台，构建开放共享的数据生态环境，提高数据分析效率。基于云技术和敏捷开发方式，DELFI实现了应用快速升级迭代和价值交付，它完全颠覆了以往服务公司拥有哪些技术用户只能使用的观念，而是坚持为用户实时提供技术服务的理念。DELFI环境的建设完全继承了斯伦贝谢原有的技术产品和服务内容，将从技术应用的角度兼容各种专业计算引擎，如地质建模计算引擎、数值模拟计算引擎、井筒状态模拟计算等引擎、地面管网流量保障计算引擎等，也将从数据信息管理的角度全面兼容斯伦贝谢现有的底层数据信息环境。此外，第三方技术和底层数据也将秉承开放的理念，逐步兼容完善。DELFI环境包括勘探开发领域的所有云原生应用，包括地质勘探、油藏建模、工程设计、施工、生产等领域。每个云原生应用形成一个完整有效的工作，基于集成的数据源闭环。同时，在一体化工作模式下，由于各子系统数据量巨大，越来越需要加强子系统间数据利用的协调。在DELFI环境中，项目团队的所有用户都可以自由访问软件应用程序和工作流，团队成员还可以基于专有信息边界为数据、模型和解释建立一个共同的工作空间。DELFI环境可以将人员、工作流、技术流和知识库联系起来，以实现价值最大化。

1.5.2　国内四大石油公司数字化转型历程

2020年，国资委印发《关于加快国有企业数字化转型的通知》，对推进国有企业数字化转型做出全面部署，为积极落实这一转型重任，2021年，中国石油天然气集团有限公司（简称中国石油）、中国石油化工集团有限公司（简称中国石化）、中国海洋石油集团有限公司（简称中国海油）、中国中化集团有限公司（简称中化集团）四大石油石化央企将迎来更加实质性的进展[5]。

（1）"十四五"末，"数字中国石油"初步建成。

经过20年集中统一的信息化建设，中国石油已建立并应用涵盖生产管理、运营管理、综合管理、基础设施、网络安全等80个集中统一的信息系统，实现了信息化从分散到集中的转变，从集中到整合两个阶段的飞跃。油气产业链运行的实时数据，利用全面互联获取广泛的内外部数据，利用数字技术不断优化业务执行和运营效率，到"十四五"末，初步建成"数字中国石油"。

集团层面：

①油气业务链协同优化。统筹安排油气生产、油气贸易、炼化生产、油气物流、销售、产品贸易等，以实现上下游业务链整体效益和股东价值最大化，并优化资源配置、加工、物流和销售、突发事件的情景模拟，最终将实现全面感知市场动态、协同优化生产经营、快速响应风险预警、准确高效支持决策。

②协同科研创新。利用科研平台整合共享专业软件、仪器设备、专家文献等要素，提高多学科、跨单位协同研发效率；运用人工智能、大数据等新型数字化工具分类有助于新产品开发，提高科研成功率。

主要业务领域：

①建设智慧油气田。基于感知、互联、数据融合，实现生产过程"实时监控、智能诊

断、自动处置、智能优化"的油田新业务模式。

②打造智能炼化。着力提升炼化企业感知能力、分析优化能力、预测能力、协同能力，构建高效供应链、精益运营、安全化工管控、互联运维的智能化炼化新模式。

③打造智慧销售。充分利用物联网、大数据、人工智能等数字技术，按照新零售理念推动成品油零售业务转型升级，构建人、车、生活的生态圈，实现"销售智慧化、运营数字化、管控一体化"的目标。

④打造智能化工程。构建钻井工程全生命周期智能支撑平台，全面提升工程作业风险管控水平、工程质量和作业效率。建立智能化井筒，实现钻完井全过程地面 / 井下远程实时透明监控。建设智能作业现场，包括智能钻井和数字地震人员。

（2）中国石化数字化转型推动能源化工行业高质量发展。

中国石化制订了以提升工业数字化智能化水平为核心的"十四五"发展规划，总体思路和目标是：按照"数据 + 平台 + 应用"的新模式，大力推进数据中心、物联网、工业互联网等新型基础设施建设，构建管理、生产、服务为一体的新型基础设施，该基础设施体系覆盖全行业，支撑各领域业务创新。金融"四云"，构建完整统一的数据治理和信息标准化、信息数字化管控、网络安全"三大体系"，这为公司打造敏捷高效、稳定可靠的信息技术支撑和数字化服务"两个平台"，巩固了公司数字化发展的战略基石；同时，公司也在深化大数据、人工智能、5G、北斗等技术应用，大力推动利用数据赋能各领域业务，推动和引领技术创新、产业创新、商业模式创新，提升信息化数字化水平。这将有助于提升全产业化、网络化和智能化水平，支持新产业、新业态、新经济做强、做优、做大。

以智能制造为主攻方向，推动整个产业提质升级。中国石化以炼化行业为切入点，重点提升综合感知、协同优化、预测预警、科学决策四大能力，稳步推进全行业智能制造。经过近 10 年的探索实践，已建成 10 个智能工厂、2 个智能油气田示范区、150 个智能加油站、1 个智能研究院，其中，镇海炼化、茂名石化等 5 家企业入选国家智能制造试点示范。

"十四五"期间，中国石化将加快推进智慧油气田、智慧工厂、智慧加油站、智慧研究院、智慧工程建设，着力系统优化、协同生产、智能化运营，建设集团智慧运营中心，打造中国石化智慧大脑，打造中国石化"石化智云"工业互联网，实现全行业云生产和智慧运营，推动组织、流程、技术、管理升级，提升整体水平集团运营的数字化、网络化、智能化水平。同时，打造具有强大国际影响力的"互联网 + 商务 + 金融 +N"全渠道服务矩阵，深耕万亿规模新市场，拓展数字经济增长新空间，形成新增长极为中国石化高质量发展。

（3）中国海油加速数字化、智能化。

2020 年，中国海油召开"数字化转型与智能化发展"座谈会，进一步明确了数字化转型的方向和路径。

①加强信息化基础设施建设，着力打造新时代中国海油的"信息高速公路"。打造集团级云平台，新系统全面上云，实现海油云应用从 IaaS 云到 PaaS 云的跨越。全面推进数据中心建设，构建国内"四地五中心"数据中心体系，形成亚太、中东、美洲三大海外 IT 区域支持中心布局。

②加快智慧油田建设步伐，着力打造海上油气勘探开发"智慧大脑"。积极开展海上平台无人、少人化改造试点。目前已有 28 个平台实现无人化改造，无人平台比例达到 11%。改造后，预计平台每年可节省 15% 左右的运营成本。加快生产控制中心、生产指

挥中心建设，配合岸电项目，逐步推进海上平台无人化和台风生产模式常态化；建设勘探开发一体化数据中心，打造智慧油田"一湖数据"。一体化、统一共享奠定了坚实的基础；建成国内首家海油工程数字化技术中心，大大提高了装备作业效率和安全水平。

③加强经营管理信息系统建设，着力打造具有中国海油特色的"营销生态圈"。推进销售模式创新，建设电子商务、零售管理、物流等信息系统，打造覆盖中国海油全产业链的"互联网+"营销体系。四是加强网络信息安全保护，着力筑起保护中国海油稳定发展的"防火墙"。

（4）"网上中化"助力打造世界一流企业。

中化集团、中国化工正在稳步推进重组整合。两家公司的战略重组承载着打造世界领先化工企业的使命。目标是全面转型为科技驱动的创新型企业。以"科学为先"的核心价值观，打造具有全球竞争力的技术驱动型创新型企业、世界一流的综合性化工企业。

近年来，中化集团主要业务板块数字化转型成果凸显强劲增长动力。中化农业在全国推广数字化创新的 MAP 现代农业综合服务模式，已为全国约 8000 万亩耕地、100 万户农户提供服务。能源板块打造了统一的业务管理平台，实现了贸易业务包括业务执行、客户管理、业务计划、价格管理、财务管理等所有主要流程的一体化、在线化运作；建立化工品网上交易平台——易化网，实现获客、交易、分销等交易环节全流程的线上化、数字化运营。化工板块致力于"打造创新型数字化精细化工企业"。基于工业互联网平台的创新型智能工厂和智慧园区已初具规模。数字化转型升级项目，作业自动化水平、安全环保水平、质检效率、库存效率、统计效率等工厂整体运营水平得到大幅提升。

1.6 油气行业智能化发展探讨

当前，智能油气田建设发展迅速，但整体仍处于探索初期，面临来自数据、算法和井下未知因素等诸多挑战。未来，在大数据、人工智能、5G、云计算、物联网等技术的推动下，油气田智能化水平将快速发展。智慧油气田建设需要油气勘探开发与大数据、人工智能、云计算、区块链等技术深度融合，在发展过程中催生一批油气田领域的颠覆性技术，解决油气勘探开发的技术需求，提升油气田勘探开发的经济效益和社会效益[6]。

1.6.1 智慧油田建设目标

基于油气田开发生产的需要，智能油气田建设的目标包括智能油气藏建设、智能地面工程建设和生产经营一体化。

（1）智能油气藏建设。

根据监测分析结果，重新预测油井产量、采油率、含水、注水量等指标，并制定有针对性的调整措施。完成井筒的实时调整和地质油藏传感设备的部署，自动采集井下温度、压力、流量等数据信息，作为油藏动态分析和优化的依据；结合井下参数、油田生产数据等信息，通过专业油藏分析预测等专家辅助系统，实现更精细化的油藏监测和动态分析；根据油藏分析结果，形成有针对性的油藏开发方案，指导生产，提高产量和采收率。

（2）智能化地面工程建设。

通过对地面油气生产、加工、集输等生产过程的持续监测、分析和调控，按照油藏开发优化调整要求，不断优化设备运行参数，降低能耗，提高 HSE 水平，从而提高生产效率，降低成本和风险；对关键设备和重要措施进行自动监测，定期进行状态巡检和检查，提前发现设备设施潜在问题，结合专家诊断分析结果进行有针对性的预防性维护和维修，提高设备设施完整性管理水平，减少设备设施的综合造价，充分发挥其效能。

（3）生产经营一体化。

通过工作方法和管理机制的改革和流程的优化，以及技术手段支撑的协同工作环境，相关人员可以跨地域、跨学科高效工作，充分发挥各领域技术专家的优势。跨学科专业协作是指一体化生产优化，将油藏分析、采油工艺、生产作业、设备设施等专业人士聚集在一个平台或环境中，提高分析决策效率和执行效果，使油气生产更加高效。跨部门管理协调应急指挥，发生重大事故时，管理团队可以实时了解现场情况和应急资源分布，并下达应急指令，减少了信息沟通和资源的难度和工作量协调；跨区域协作是指远程专家支持，分布在不同区域的专家可以在协作工作环境会议中进行讨论，克服地域和时间障碍，充分发挥技术专家的知识优势，使生产运营更加科学有效。

1.6.2　建设模式

智慧油田建设模式主要体现在智慧运营和低成本。未来，智慧油田需要智能化运营，打造新的油田管理方式。智能化运营模式将结合传感器技术、大数据分析、人工智能发展趋势，构建互联油气田全覆盖网络统一平台，需要解决以下问题。

（1）高精度数据实时采集。

研发更加先进的随钻分析、室内测试、井下监测、井口测量等仪器设备，实现油气藏开发数据全面、高精度、自动化、实时采集。

（2）大数据的高速传输和存储。

基于 5G、光纤等最新通信技术，实现油田数据的高速传输；基于云存储技术实现 TB 级或 PB 级海量数据的存储，以构建工业设备—云存储设备—人力设备的气石油物联网。

（3）大数据与人工智能结合，实现数据赋能。

基于数据、业务、算法（技术）的科学匹配，开展小任务、多数据、强关联、混合技术、大数据分析，实现人工智能学习、记忆、判断、智能控制。

（4）区块链技术实现资源共享。

各种生产资料、数据分析和智能识别信息按一定频率记录在区块链中，形成安全的分布式数据库，解决数字经济的基础设施，为决策者提供决策依据，打破石油公司的壁垒。组织边界，实现所有者、生产者、使用者的统一，涉及生产关系的根本问题。

目前，经过多年的数字油田建设，已经形成了不同系统的管理体系。推进智慧油田建设，应推动适应云服务环境的统一基础运维平台建设，对信息资源进行集中统一的精细化管理，实现资源合理配置、作业过程集中监控、问题预警和故障准确定位、运维需求统一受理、处理过程实时跟踪和质量评估。

1.6.3　人工智能在油气行业的应用及发展重点

人工智能应用应以点带面逐步推广，结合勘探开发业务实际需求，未来人工智能技术应用的重点发展方向包括智能盆地、智能测井、智能物探、智能钻完井、智能压裂、智能采油等[4]。未来五年发展重点包括数字盆地、快速智能成像测井仪、智能节点地震采集系统、智能旋转导向钻井、智能压裂技术与装备、分层注采实时监控工程技术等。随着1998年"数字地球"概念的推广,国外已完成了数字流域的建设。我国数字流域建设尚无统一的模式和标准,大部分都是理论研究,实际应用很少。未来五年,利用大数据和人工智能技术,基于国内外成熟盆地勘探开发成果,分析盆地勘探开发全生命周期,形成智能勘探决策系统,指导剩余优质油气资源空间分布预测,明确勘探重点和目标。

在智能测井方面,国外 Scanner 三维扫描成像系列齐全,应用广泛。国内 EILog 成像系统快速规模化应用,全球成像和随钻成像系统已形成雏形,在稳定性、可靠性、实用性等方面与国外差距较大,不能满足产业化规模化需求应用程序。未来发展的重点是开发稳定可靠的快速智能成像测井工具并实现规模化应用,产品指标达到国际先进水平。

在智能物探方面,强波段、低成本、宽波段、高效的采集技术是实现高精度物探的关键。目前国内外节点采集系统都是基于本地存储的盲采集,均采用模拟电路检波器,探测频段有限。未来发展的重点是建设数字化节点采集系统、震电一体化采集系统,建设陆地百万级通道、1000m 深海的智能节点地震采集系统。

在智能钻完井方面,国外已经形成了不同转向方式、不同造斜能力、多尺寸转向的成熟产品,能够满足复杂地层、恶劣条件下的钻完井作业,具备规模化作业能力,它们已成为页岩油气开发的首选。国内产品的稳定性、可靠性、实用性和使用寿命还不能满足工业规模应用的需求。未来发展的重点是形成具有高机械钻速、井眼轨迹控制精度高、作业可靠性高等优点的智能化高造斜旋转导向随钻测控技术与装备。

在智能化压裂方面,国内智能电驱压裂装备与国外存在差距,国外 2500 型压裂泵车最大排量为 4.9m³/min,而国内为 2.8m³/min,无法满足非常规油气生产的高压。大排量、高砂比、连续作业的高强度压裂作业要求和我国山地、黄土高原地貌作业要求。未来发展的重点是形成成套大功率电驱动压裂装备、智能化全生命周期管理系统、智能压裂作业系统,实现"小体积、大功率、智能化"压裂作业。

在智能采油方面,国内油田以水驱开发为主,技术处于国际领先地位。由于陆相沉积油藏层位多、非均质性强,高含水开发阶段整体采收率较低,实施精细化、智能化分层注采开发是提高石油采收率的重要途径。未来发展重点是形成智能分层注采实时监控工艺技术系列以及油藏工程一体化智能优化生产系统。

人工智能在石油勘探开发领域的应用刚刚起步,尚未产生颠覆性成果,但已展现出巨大潜力。现有研究成果可概括为三个方面:(1)初步应用智能设备、无人机、机器人等代替人类进行巡检作业,初步应用于管道巡检、无人值守平台等场景;(2)大数据、机器学习等技术应用于勘探开发数据的分析处理,但现阶段大多处于"点"应用阶段;(3)大多数企业已经意识到数据共享的重要性,并开始发展集成分析平台和集成软件。

人工智能在石油勘探开发领域的应用和探索主要集中在测井处理解释(如岩性识别、曲线重建等)、地震处理解释(如初至波拾取、断层识别等)、注水开发实时控制、产量预测等方面。智能算法的应用提高了综合分析软件的智能化水平,智能芯片的嵌入实现了装备智能化。由于人工智能算法需要建立在大数据的基础上,因此要求算法的输入与输出之间的映射关系清晰、明确。考虑到油气藏地下条件复杂多变,石油勘探开发面临解决方案多、样本小等问题,人工智能的应用和推广难度较大,因此应用人工智能石油勘探开发智能化不应全面铺开，而应以点带面逐步推进。未来，人工智能在石油勘探开发领域的发展将重点关注数字盆地、快速智能成像测井工具、分层注采实时监控工程等技术。

参 考 文 献

[1] 王华.油气企业数字化转型需求与实践 [J].计算机与应用化学，2018，35（1）：80-86.

[2] 中国信息通信研究院.企业数字化转型蓝皮报告——新 IT 赋能实体经济低碳绿色转型 [R].2021.

[3] 埃森哲咨询报告：从交匙到交互，数字化重新定义油气工程企业价值链 [R].2020.

[4] 匡立春，刘合，任义丽，等.人工智能在石油勘探开发领域的应用现状与发展趋势 [J].石油勘探与开发，2021，48（1）：1-11.

[5] http：//www.sinochem.com/s/1375-4178-144355.html，四大油企实质推进数字化大转型 [R].2021.

[6] 李阳，廉培庆，薛兆杰，等.大数据及人工智能在油气田开发中的应用现状及展望 [J].中国石油大学学报（自然科学版），2020，44（4）：1-11.

第2章 勘探与生产数字化

随着大数据、云计算、人工智能、工业互联网等技术的兴起，世界各大石油企业积极将先进的信息技术与传统产业相结合，不断推动石油数字化、自动化、智能化发展以及天然气开发和生产组织。加快智能化引领的新运营模式转型。2017 年 11 月，国际能源署（IEA）发布石油行业数字化趋势预测报告显示，在油气勘探、开发和生产的上游领域，智能技术的大规模应用可以减少石油天然气生产成本降低 10%~20%，使得全球油气技术可采储量增加 5%。全球石油行业正在通过数字化转型提升未来核心竞争力。

随着全球能源消费总量增速放缓，全球石油服务市场进入低速发展期。同时，天然气和深海、超深海开采比重增加，油气企业对实时、安全、高效、一体化服务的要求提高。从技术和服务两个方面给油田服务带来了重大挑战。不过，埃森哲也观察到，伴随着数字化革命的大趋势，领先的石油服务企业正在利用数字化手段驱动技术突破、综合服务和业务创新，使数字化成为企业应对挑战、实现突破的利器，帮助企业走上市场竞争的快车道。世界著名咨询机构埃森哲认为，油田服务亟须抓住数字化创新机遇，积极开展数字化转型问题研究，并逐步推动落地实施，从业务数字化和数字业务化两条路径上取得突破，打造智慧油田服务企业对内、对外构建智慧油服生态圈，助力油服企业赢得未来。

2.1 油气勘探开发行业现状与挑战

全球能源消费总量增速放缓，中国市场增速远超全球平均水平，全球石油服务业也在大幅下滑后进入低速发展期。随着市场红利消失，天然气和深海、超深海开采比重的增加，进一步提高了石油服务行业的技术门槛、服务门槛，石油服务企业面临前所未有的挑战[1]。

2.1.1 油气勘探开发产业技术与服务升级

全球能源消费结构正在发生转变。随着石油增速放缓，天然气增长迅速。与此同时，深海和超深海在油气开采中的占比不断增加。对石油服务企业提出了更高的要求，将面临越来越高的技术门槛。传统能源中，煤炭和石油开采占比逐年下降，但天然气开采占比仍较为稳定，年复合增长率为 1.2%。与传统煤炭和石油相比，天然气的开采对勘探、钻完井、录井、储存和运输等要求更高，需要采用更多数字化技术，如物联网、人工智能等。同时，根据美国能源情报署等机构的统计和预测，深海和超深海采矿占全球海上采矿的比重已从 2005 年的 25% 上升到 35% 左右，并将继续增加。深海和超深海开采面临的环境更加复杂，直接导致技术和资金门槛远高于浅海，需要广泛应用数字技术，如自动监测系统、远程作业、数字化钻机、定向钻井和人工神经网络。随着行业整体服务水平的提高，油服公司的客户需求也在不断增加，主要集中在实时、安全、高效和集成四个方面。对石油服务企业的水平提出了更高的要求，具体体现在以下几个方面：

（1）实时。对生产过程的进度和质量控制的要求。一方面要求能够实时监测和预测生产过程的数据，另一方面要求油田服务公司提供实时的需求响应和指导。

（2）安全。作业现场的安全控制提出了更高的要求。要求油服公司更多地采用自动化、智能化手段进行作业生产、现场安全预警和预防。通过减少现场操作人员和智能监控预警来实现更高的安全性。

（3）效率。客户对服务交付效率提出更高要求。要求油服公司利用数字化手段提高作业生产和资源配置效率，从而增产增效，降低油气生产成本。

（4）一体化。客户对一体化油气田开发服务需求增加。由于油气田开发全生命周期涉及的服务范围广，承包商和产品服务多种多样，增加了油气企业的管理难度，延长了油气开发生产周期，这就要求石油服务企业能够提供更加全面的一体化服务，从而加深与客户的紧密合作关系。

2.1.2　油气勘探开发数字化面临的挑战

（1）各油气田硬件基础设施条件参差不齐。

由于新、老油气田建设年代不同，从数据采集到传输、存储、应用的信息化硬件条件发展参差不齐，导致数据采集标准格式不一致、采集范围不全、数据传输多样化。虽然基本实现了数据集中存储，但数据共享仍需完善。自动化程度参差不齐，自动执行机构覆盖面不全。大多数油气田仍处于关键数据采集阶段，远程控制和自动关联机制尚未实现。数据利用程度还不够，需要加强融合共享的应用系统建设。

（2）数据共享和业务协同处于较低水平。

目前，新开发油气田的数字化基础设施和各类专业应用系统较为完备，但数据资源整合和业务管理水平还不够。往往各个业务独立进行信息化建设，导致数据不一致、分散，共享调用不畅。在处理效率低下等诸多问题上，与"智能化管理"还有较大差距。

（3）传统油气开发生产模式不适合智能化条件。

石油公司普遍规模较大、生产分散。各地油气田公司及其下属生产单位拥有规模庞大、综合性的经营管理和技术研发机构，管理层级多、流程复杂、决策和运行效率低，管理和技术优势难以发挥。传统的基于单井站（中心站）—作业区—采气厂—油田公司—集团公司的油气田开发生产组织模式已失去优势，需要进一步探索适应油气田开发生产的组织模式。采用信息化、智能化技术条件构建油气田安全、科学、高效、经济开发新模式。

（4）智能油气田建设运营没有统一的标准可供参考。

智能油气田建设起步较晚，大多只实现局部高度自动化和局部智能化，仍处于进一步探索阶段。建设标准和结构不统一，功能多样化。传统的生产管理系统难以满足智能化条件下的运作模式，在一定程度上制约了智能化建设的效益。全球知名咨询机构埃森哲发现，数字化革命为油服企业应对油服行业市场低迷、技术升级、服务升级三大挑战提供了重要机遇。各大油服龙头正用数字化手段赋能全价值链各个环节，数字化驱动的垂直领域技术突破、全价值链一体化综合服务、基于产业合作生态的业务创新，让数字化成为利器为企业打破局面，帮助企业走上市场竞争的快车之路。

2.2 数字革命为勘探开发石油服务改革提供新机遇

埃森哲研究发现，数字革命正在深刻影响石油服务价值链的所有环节（图2.1）。领先的石油服务公司正在利用人工智能、声音和图像识别、AR/VR、机器学习、大数据分析、物联网、云计算等技术优化和赋能整个价值链各环节的运营和生产[1]。

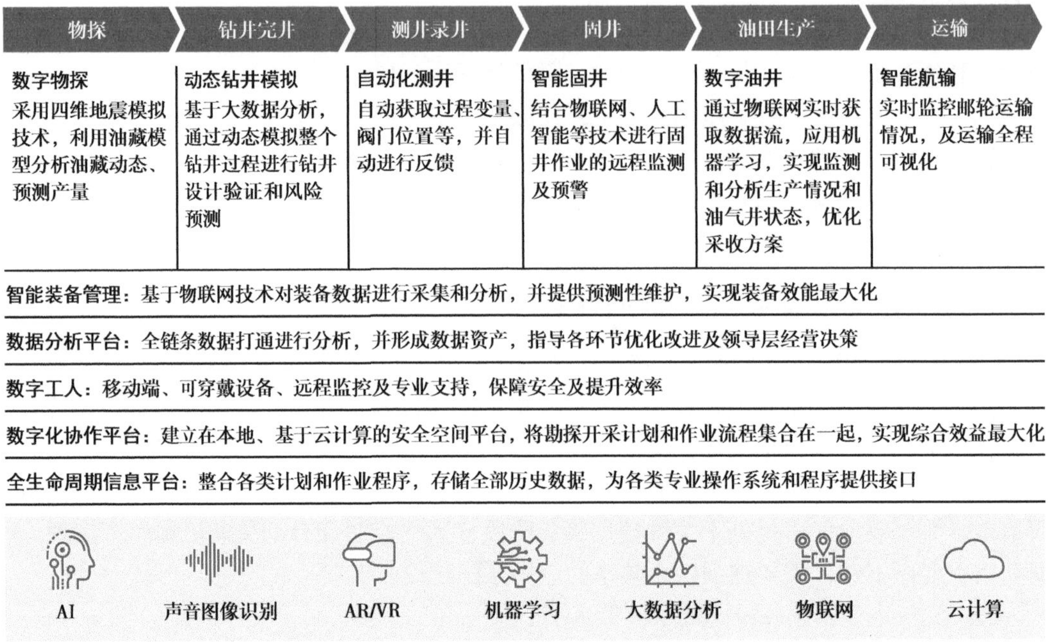

物探	钻井完井	测井录井	固井	油田生产	运输
数字物探 采用四维地震模拟技术，利用油藏模型分析油藏动态、预测产量	**动态钻井模拟** 基于大数据分析，通过动态模拟整个钻井过程进行钻井设计验证和风险预测	**自动化测井** 自动获取过程变量、阀门位置等，并自动进行反馈	**智能固井** 结合物联网、人工智能等技术进行固井作业的远程监测及预警	**数字油井** 通过物联网实时获取数据流，应用机器学习，实现监测和分析生产情况和油气井状态，优化采收方案	**智能航输** 实时监控邮轮运输情况，及运输全程可视化

智能装备管理：基于物联网技术对装备数据进行采集和分析，并提供预测性维护，实现装备效能最大化

数据分析平台：全链条数据打通进行分析，并形成数据资产，指导各环节优化改进及领导层经营决策

数字工人：移动端、可穿戴设备、远程监控及专业支持，保障安全及提升效率

数字化协作平台：建立在本地、基于云计算的安全空间平台，将勘探开采计划和作业流程集合在一起，实现综合效益最大化

全生命周期信息平台：整合各类计划和作业程序，存储全部历史数据，为各类专业操作系统和程序提供接口

AI　　声音图像识别　　AR/VR　　机器学习　　大数据分析　　物联网　　云计算

图2.1　数字化在石油服务价值链中的应用[1]

油气勘探开发垂直服务企业引入数字化手段，实现技术突破，巩固专业领域领先地位。例如，在地球物理勘探领域，法国地球物理公司的集成数字地球科学工具Robertson NewVentures Suite（RNVS）使客户能够以全新的方式获取、访问和使用业界最丰富的地下地球科学信息数据库，通过使用该产品丰富的地球科学数据和知识可以更快、更有效地做出决策。勘探团队可以访问这些综合数据库，更好地识别、理解、评估新出现的勘探机会，消除相关风险。以获得合理的勘探区域，提高勘探成功率。系统数据库在筛选全球新勘探项目风险评估和前沿勘探方面具有竞争优势。在钻井领域，Transocean利用钻井平台上的自动钻井控制系统（ADC），结合电子标签和传感器，对行业顶级钻井技术供应商（如MHWIRTH、NOV和SEKAL）的设备进行控制和预警，实现更快的钻进速度，更稳定的井底压力，防止激发效应，及早发现溢流，保证井的完整性和安全性。通过整合全价值链各环节，以数字智能驱动综合服务。图2.2展示了石油服务行业全价值链集成商的数字化应用环节，具体表现在以下几个方面。

2.2.1 全方位数字化应用，提升全链条服务能力

埃森哲研究发现，斯伦贝谢、哈里伯顿和贝克休斯作为石油服务行业全价值链的领

先整合者，在其业务范围内部署了全方位的数字化应用，从各个方面提升整体服务能力（图 2.2）。

	Schlumberger 斯伦贝谢	HALLIBURTON 哈里伯顿	Baker Hughes 贝克休斯
物探	●	●	●
钻井完井	●	●	●
测井录井	●	●	●
固井	●	●	●
油田生产	●	●	●
运输	●		●

图 2.2　油服行业全价值链集成商数字化应用环节 [1]

2.2.2　数字化打通内部运营，打造一体化服务体验

全价值链集成商业务范围广泛，业务运营中存在大量的共性和资源整合需求。主要内容包括：

（1）建设集中陆地远程运营中心，提供一体化实时、高效的远程运营支持。

在全球建立了 10 多个由专家团队组成的远程运营中心，提供 7×24h 的远程指导服务。服务内容包括：现场实时监测预警；站点统一管理；随时获取 25 年经验的专家资源；实现现场与专家之间无障碍的信息交流与协作。这一举措帮助公司将故障或低产持续时间缩短了 50%，减少了非生产时间；专家远程指导数量是现场指导的 5 倍，提高了解决问题的效率。

（2）搭建勘探开发一体化平台，开放全流程数据，实现资源共享和集成应用。

斯伦贝谢开发的 DELFI 平台旨在为勘探、开发和生产运营提供统一、低成本、高效率的数字化协作环境。该平台集成的各种软件应用，为所有客户和合作伙伴提供开放、可扩展的数字生态系统，允许他们在系统上开发或连接自己的专业软件或工作流程，同时存储所有历史数据。利用数据分析、机器学习等最新数字技术，帮助勘探开发各参与者共同提高作业效率、增强个体能力；所有参与者在同一环境中制定计划、跟踪作业进度，及时获得他们所需要的信息和专业技术指导，增强各环节之间的联系和互动。该平台深度挖掘数据价值，指导运营和实现数据资产的深度利用；打破学科界限，实现交流融合，增强协同效应。

（3）构建一体化客服应用，实现统一、实时的客服联系感知。

哈里伯顿通过开发移动应用程序提供实时油井监测和预警，并形成快速响应客户需求的工作网络。哈里伯顿的 Boots & CootsWellCall 应用程序可以将手机和平板电脑等移动设

备转变为电子油井监测系统，可以实时监测油井状况，包括井控裕度、温度曲线、油藏动态、动态压井建模等。通过点击屏幕上的"紧急"和"呼叫"按钮，用户可以联系哈里伯顿紧急调度室的专业人员，提供 7×24h 的响应和支持，并可以根据事件的位置和特点提供定制服务，如油井应急预案和补救措施。

2.2.3 打通产业合作生态，以数字化驱动业务创新

数字化能力输出，赋能产业生态合作伙伴。例如，哈里伯顿建立数字业务产品线 Landmark，寻求基于数字能力的商业模式。Landmark 是一家领先的技术解决方案提供商，为勘探和生产行业提供数据、分析和软件服务。基于其开发的 DecisionSpace 软件平台，Landmark 发布了一系列油气数字化应用软件，应用领域涉及地质数据分析、建井作业协同、生产优化、油藏管理、信息管理等相关问题。同时，Landmark 提供信息管理服务，帮助客户在资产生命周期的各个阶段最大化关键信息的价值，帮助企业提高生产力。

2.3 油气勘探开发数字化转型发展

进入 21 世纪以来，一些大型石油公司陆续完成了个别领域的智能油气田建设，并开始整合各领域智能油气田解决方案，开展全面智能化建设。壳牌、BP、沙特阿美、挪威国家石油公司、斯伦贝谢、哈里伯顿等国外企业和国内三大石油公司（中国石油、中国石化和中国海油）正在快速推进智能化技术在油气领域的应用和实践，推动全球油气业务走向数字化转型[2]。

2.3.1 国外油气行业勘探开发数字化

在国外石油公司中，壳牌石油公司通过油气藏监测、智能井、模型模拟等手段，优化油气藏开采，提高油气田经济效益。BP 通过油藏远程监测诊断、模型模拟、数据管理，实现生产经营辅助决策。沙特阿美通过生产经营实时数据管理和油藏智能化管理，形成一体化运营环境。挪威国家石油公司通过应用遥控钻井机器人、四维仿真技术和数据集成管理平台，形成了全球业务支持中心。斯伦贝谢利用 DELFI 勘探与生产环境感知系统，汇集人工智能、数据分析与自动化等多个技术领域的优势，让勘探开发工作更加智能化。哈里伯顿与微软推出基于 Azure 系统的 DecisionSpace365 软件产品，通过物联网传输实时油田数据，通过建立相应的深度学习模型，实现钻采优化，降低成本，提高效率。

2.3.2 国内油气行业勘探开发数字化

国内各油气田正在积极开展数字化转型试点探索。

在"两统一、一共用"建设蓝图指引下，中国石油通过"梦想云"实现了统一数据湖、统一技术平台、统一建设通用应用的愿景。统一数据湖集中管理勘探开发、生产运营等 6 个领域，物探钻井等 15 个专业的 8 类数据以及中国石油几十年来积累的结构化和非结构化数据，实现数据入库湖、治理、共享、分析等功能。云平台融合国际最新 IT 技术，具

备敏捷开发、应用集成、专业软件共享、智能创新、业务协同五大能力，有效支撑油气勘探、开发生产、协同五大业务应用。科研、运营管理、安全环保，实现基础数据自动采集、综合研究智能协同、方案决策智能优化、生产过程智能控制、安全环保智能管控、运营管理精细化、高效化。

中国石化坚持新发展理念，积极推动互联网、大数据、人工智能与石化行业深度融合，加快数字化转型发展，以信息技术培育新动能，以新动能推动新发展。推进智能工厂建设，对镇海炼化、九江石化等试点智能工厂进行技术升级，开展设备腐蚀、工艺及运行优化等大数据应用试点，实现腐蚀预测预警风险和设备运行状况；利用机器学习、视觉识别等技术开展异常工况检测、人员安全行为监测预警、区域异常情况预警等试点应用，提升了安全、绿色生产水平以及生产效率。

中国海油基础设施云平台已全面投入使用，网络系统基本实现公司境内外分支机构和生产基地的全覆盖。通过统一的基础设施监控平台，实现网络、数据中心和应用系统跨专业监控数据的集成、统一分析和综合展示；通过建设勘探开发实时决策系统，以一口"井"为中心，建设多个井场和基地。跨学科合作的信息系统平台，有效节省钻井时间，提高目的层钻遇率；通过海上无人平台建设，推动台风生产模式常态化，实现内外部、跨空间、跨专业一体化协同。结合专家经验实现现场生产实时优化、动态控制的目标，推动主营业务生产方式转变。

2.3.3　油气行业勘探开发智能化三大领域

油气行业智能化技术发展概况，目前，世界油气行业正处于从自动化到智能化探索的初级阶段。油气行业数字化、智能化的重点领域是智能勘探、智能钻井、智能油气开发生产（图 2.3）[2]。

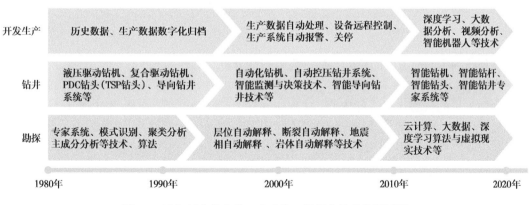

图 2.3　油气行业信息化、自动化、智能化技术发展历程

（1）智能勘探。在油气勘探领域，智能技术的应用已经涵盖了地震数据、测井、重力、磁电、微震数据的处理和综合解释，以及井筒和岩石物理数据的分析、储层等。通过对表征和油气开发数据分析，充分缩短了工作周期，降低了工作成本和对人为经验的依赖，增强了数据驱动分析的可靠性，提高了解决复杂问题的能力。油气勘探将从自动化处理逐步走向智能解释，构建智能化系统，最终实现勘探领域后端并行化、前端可视化、流

程自动化、系统智能化。

（2）智能钻井。数字采集与传输技术、数字综合分析技术、数字控制技术、3D 打印和虚拟实验技术，使钻井行业从自动化走向智能化时代。一些油田配备了智能钻机机器人、智能排管机器人等智能装备，可以替代钻机工人、井架工人。据预测，目前一台钻机需要 26 人，到 2025 年可能只需要 5 人。中国石油工程技术研究院将机器学习与梯度搜索、决策树算法相结合，研发出智能钻井提速导航仪，荣获第 45 届美国 EP 工程技术创新奖。智能钻井将是未来油气工程领域的核心技术和核心竞争力。

（3）智慧油气开发生产。智慧油气开发生产主要从云数据平台、油气藏一体化管理、单井生命周期管理和地面生产一体化管理四个方面入手，实现数字化运营开发以及生产全过程智能化管理。通过建立油气田开发过程中的地质、数值模拟和动态分析模型，实现实时监测和分析，保证高效开发；通过对单井全生命周期的控制和管理，提高油气藏采收率和产能贡献率；通过物联网技术与互联网技术的结合，可以对错综复杂的地面集输系统进行全面监控和管理。例如，bp 通过未来油田项目实现了基于实时分析的快速决策和多学科、多地点的远程协作，贡献了其总产量的 50%。

2.4　油气勘探开发智能化特点及关键技术

油气开发生产智能化管理在数字化基础上，借助物联网、大数据、云计算、人工智能等信息技术，构建一体化资产模型，不断提升智能化管理能力油气田主业，实现安全生产，科学决策带动企业降低成本、高效运营，最终实现高质量发展。

2.4.1　油气勘探开发智能化特点

（1）综合感知。

在压力、温度、流量、视频等生产数据自动采集和集中监控的基础上，利用传感技术和全覆盖的传感器网络，实现人体行为自动记录、设备智能识别、实时监控、风险提示和监控。预防为主，前方实时感知，后方高效智能分析。

（2）自动控制。

利用先进的自动化和信息技术，实现油气井生产自动控制、电子 / 现场检查自动执行、设备运行状态自动诊断、紧急情况自动连锁动作、数据自动分析、主动推送。

（3）趋势预测。

基于历史海量数据分析，通过数据挖掘、业务模型分析，结合生产系统各环节运行趋势，实现异常问题的预测预警、分级报警、早期响应和及时处置。

（4）优化决策。

基于实时数据驱动的专业模型形成的智能分析和预测结论，通过实时推送的可视化协同工作环境和结合行业专家经验的辅助决策系统，全面提升优化决策能力。

针对上述 4 个特点，构建以"一中心、一平台、两系统"为基础的智慧油气开发生产总体架构（图 2.4），即数据管理中心、综合协同应用平台、标准规范体系、信息安全体系。

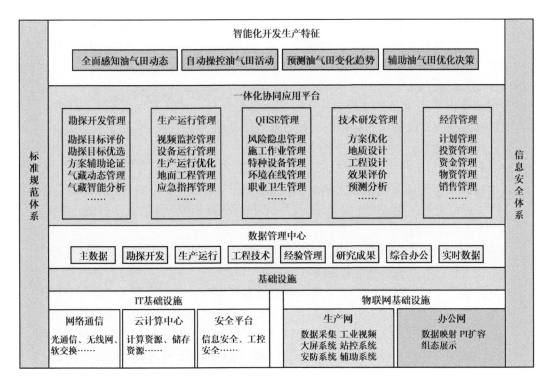

图 2.4　智能油气开发生产系统架构

2.4.2　油气勘探开发智能化关键技术

将超级物联网、大数据分析、视频智能分析、AR/VR、机器人技术等新一代智能关键技术引入油气田，解决油气开发生产需求，实现与石油和天然气的深度融合。探索优质高效油气开发生产新模式，可以开辟油气田开发智能化管理新形态。

（1）物联网。

对工艺系统状态、设备状态、周边环境危害、工作流程标准与岗位角色等进行万物互联、深度感知。核心技术包括射频识别、智能网关等。

（2）大数据分析。

利用先进数据管理分析工具实现数据采集、处理、分析、建模，利用机器学习技术开展模型自动迭代，实现生产过程监测、工况诊断、设备自动监测预警。核心技术包括人工智能、智能建模等。

（3）视频智能分析。

运用数字图像处理技术过滤、分析、学习视频源信息，对生产现场进行全时段视频智能分析。核心技术包括图像识别、深度学习等。

（4）VR 虚拟现实。

通过计算机仿真，复刻井场 1∶1 的三维动态视景，将工艺设备透视化，模拟现场实际操作。核心技术包括三维重建等。

（5）AR增强现实。

将操作步骤要点、作业图文提示展示在智能眼镜上，语音控制操作步骤，同时自动识别作业对象，并将作业步骤以虚拟动画的方式重合叠加在作业部件上面，实现智能巡检、智能作业。核心技术包括人工智能、增强现实、语音识别等。

（6）机器人。

运用图像识别、激光红外检测技术搭载高清摄像机、传感器等设备实现图像识别巡检、跑冒滴漏检测、设备状态自动识别和数据对比分析。核心技术包括三维导航、图像识别、激光红外等技术。

（7）无人机。

通过输入线路坐标，使用无人机自动执行巡线任务，利用AI技术自动识别管线周边第三方施工等可能危害管道的不安全行为。核心技术包括图像识别、人工智能、无人机等。

（8）管道泄漏检测。

远程实时监测气管道声音信号，通过数据分析，判断声音信号变化，定位报警气体泄漏。核心技术包括大数据分析、传感等。

在开发地质方面，海量地震、录井、测井等数据很大程度上依赖人工研究分析，无法实时掌握油气藏的动态变化。利用大数据和集成协同开展地质勘探数据深度挖掘利用，在分析层面实现海量基础数据的智能解读，在应用层面实现数据资源的灵活调用和协同共享。在研发生产方面，引入智能机器人巡检、AR辅助操作等技术，可以减少对人员技能和经验的依赖。在安全环保方面，以视频智能分析代替人工巡检，实现站内闯入智能预警、主动驱逐、"跑冒滴漏"智能识别。在生产运行方面，利用超级物联网和大数据分析，实现生产现场万物互联、深度感知、异常工况快速自动诊断、分级智能预警。在管道运行方面，通过光纤传感、次声波探测、无人机等先进技术，可实现管道实时监控、异常工况预警、管道自动巡检等。

2.5　人工智能在勘探开发中的应用领域

2.5.1　测井领域

测井技术自1927年诞生以来，已经经历了90多年的发展。经历了模拟测井、数字测井、数控测井、成像测井，正在进入智能测井时代[3]。

（1）测井数据采集。

由于储层的非均质性、检测对象的复杂性以及测井作业环境的多样化和复杂性，在井下地层参数采集和测井数据传输方面迫切需要研究新的测量方法和工作模式，实现更准确、更高效、更安全的作业和地质信息检测。国外石油公司在数据采集、远程测井方面已形成商业化产品。斯伦贝谢远程测井中心、智能地层测试、具有智能处理和解释能力的井筒软件Techlog等已经商业化。其中远程测井在全球部署了11个数据服务器中心和14个远程测井中心，拥有108名运维工程师，实现专家远程协同工作和决策。20%的测井作业由远程测井中心完成，已完成数万口井作业。国内一些石油公司和科研机构攻克了网络化地面、智能绞车、远程测井等关键技术，并开始小批量应用，同时，还启动了智能井下机器人的研发。

（2）测井解释。

测井数据具有数据量大、多源异构的特点。在测井处理和解释过程中，面临着多解性和不确定性等困难。石油和天然气的识别变得越来越困难。迫切需要利用人工智能等技术来提高工作效率和口译达标率。近年来，人工智能在测井处理解释中的应用主要集中在自动深度校正、自动报告生成、智能分层、曲线重构、岩性识别、成像测井解释、储层参数预测、油气含气性能评价、剪切波速预测、裂缝及缝洞充填识别等。

智能曲线重建是利用深度学习、相关性分析等算法寻找测井曲线之间的相关性，对错误、不合适、缺失的测井曲线数据进行重建。采用的人工智能算法包括神经网络、组合学习算法、聚类算法等。最近的发展包括基于循环神经网络（RNN）或长短期记忆神经网络（LSTM）的测井曲线重建方法，并得到验证。与真实的测井曲线相比，发现比传统方法更准确。

识别岩性有两种方法：一是钻取岩心，根据岩心样品分析确定岩性；二是通过测井曲线识别岩性。对于第一种方法，随着扫描仪器的不断更新，在石油勘探开发领域积累了大量的薄层图像、CT 图像、扫描电镜图像等。目前国内外核心图像分析软件（如 Avizo、PerGeos 等）均可以实现岩性的自动识别，但大多采用图像处理算法实现岩性识别，需要大量人机交互，是高度依赖专家经验。应用广泛的薄片识别目前多依靠人工识别，智能化水平较低。需要进一步研究将深度学习技术应用到核心图像处理领域。第二种方法以专家解释处理后的数据为训练样本，利用人工智能算法构建基于测井曲线的岩性智能识别模型，实现岩性智能识别。

成像测井主要是通过色度标定原理将原始测井曲线转化为反映地质特征的直观图像。随着深度学习技术在图像分析领域的不断深入应用，研究人员将深度学习、图像处理等技术结合起来，实现了图像测井的自动判读。最新进展包括利用 U-Net 等图像分割算法自动识别电成像测井图像中地质特征的边缘，然后利用特征工程提取相关特征，最终实现基于机器学习的地质特征自动分类算法。人工智能在成像测井图像处理与解释方面的研究刚刚起步，制约其进一步发展的关键是缺乏机器学习的标记数据。

人工智能算法在油藏参数预测中的应用较早。早期学者主要采用传统的机器学习算法（如支持向量机、线性回归等）来预测孔隙度、渗透率、饱和度等参数。近年来，随着神经网络的不断发展，越来越多的学者开始使用 BP（前馈神经网络）、LSTM 以及 Random Forest（随机森林）、GBDT（梯度提升决策树）等组合学习算法来进行学习并预测地层参数。

（3）一体化软件。

国外以斯伦贝谢为代表，以 Petrel、Techlog、Eclipse 等 10 余款软件为核心，构建了数字化协同智能工作流程，降低勘探开发的不确定性和风险。探索开发认知集成平台（DELFI）建立了智能处理和解释工作流程，支持数据标准化、数据清洗、智能解释和结果提交。井筒软件 Techlog 包含曲线敏感因素分析、预测分类、曲线重建等一系列智能功能模块，并支持智能解释。中石油梦想云协作平台、测井处理解释一体化软件 LEAD、新一代多井评价软件 CIFlog 等应用平台，在油藏描述与模拟、测井多井解释、水平井地质导向体系初步形成。

2.5.2　物探领域

国际"人工智能 + 物探"研究快速发展。地球物理勘探长期以来一直是高性能计算、3D 可视化、计算机网络等信息技术的重要应用领域，是数字化采集、处理和分析的较早领域。

（1）物探设备。

人工智能在地球物理设备中的应用主要集中在振动器、无人机、地震仪器等方面。智能可控震源可根据工作区具体地表情况和深部地震地质条件调整输出大小、频率范围、扫描时间、相位等参数，具有安全、环保的特点。物探数据采集智能无人机可实现高精度地形探测、风险评估、节点监测、数据恢复、物资投放、救援等工作。在地震仪器方面，已开发出 G3i（有线）、Hawk（节点）、eSeis（节点）等产品。OBN（海底采集节点）技术解决了光缆穿越能力差、观测方位窄、海面噪声强、单一分量接收等局限性的问题。

（2）物探采集。

随着云计算、人工智能、机器人、通信等技术的不断发展，物探采集在经历数字化发展阶段后将进入智能化发展阶段，已具备无感数字化、高封闭性、循环自动化以及核心设备"机器人"自动化、操作流程的集成、可预测的生产动态等特点，甚至还有一些大数据边缘计算能力。物探采集技术实现了传统地震队伍向数字化地震队伍的转变。数字地震团队将物联网、云计算等 IT 技术与物探采集手段相结合，对施工任务、现场人员、设备、HSE 等进行无线高效监控。可视化数字化管理，优化施工流程，简化操作程序，实现智能刺激，实时质量控制，远程技术支持和指挥调度。

（3）地震资料处理与解释。

在地震数据处理和解释方面，人工智能主要应用于地震构造解释（包括断层识别、层位解释、岩顶底解释、河道或溶洞解释等）、噪声抑制和信号增强、地震相识别、储层参数预测、地震波场正演模拟、地震反演、地震速度拾取与建模、初至拾取、地震数据重构与插值、地震属性分析、微震数据分析、综合解释等。所采用的核心技术主要有目标计算机视觉领域的检测、分割、图像分类和预测。人工智能的应用在保证精度的前提下，极大地提高了地震资料处理和解释的效率。

基于深度学习的自动故障识别逐渐成为典型的应用方向。许多学者利用卷积神经网络在合成地震记录数据集或实际地震数据集上进行训练，构建断层智能识别模型，自动识别断层存在概率、倾角等参数。基于编码器 - 解码器的卷积神经网络模型，可以同时实现故障检测和斜率估计。为了训练网络，会自动生成数千张 3D 合成噪声地震图像和相应的断层图、干净的地震图像和地震法向量。多个现场实例表明，该网络在故障检测和反射斜率计算方面明显优于传统方法。

近年来，基于深度学习的地震相识别研究逐渐增多。传统的地震相识别主要是先对地震属性进行聚类，然后对地震波形进行分类来识别地震相。随着机器学习等人工智能技术的发展和应用，越来越多的研究人员将使用卷积神经网络（CNN）、循环神经网络（RNN）、概率神经网络（PNN）、深度神经网络（DNN）、生成对抗网络（Generative Adversarial）网络（GAN）等直接用于地震波形的分类识别。

地震反演主要是将常规的界面型反射剖面转化为地层型测井剖面，将地震资料转化为可与测井资料直接对比的形式。近年来，人工智能技术在该领域的应用研究取得了很大进展，使用的算法主要有 CNN、RNN、DNN、玻尔兹曼机和 GAN。若将级联法和卷积神经网络相结合，通过最小化一个类似于反问题最小二乘解的能量函数构建深度学习模型，然后将该网络用于叠前地震反演。通过训练网络学习岩石特性和地震振幅之间的非线性关系来预测阻抗。反演算法需要在训练网络之前对输入进行归一化，并在应用网络之后将结果转换为绝对值。结果表明，该算法能够捕获训练数据集中的所有特征，同时准确地重建井点的输入测井曲线并生成地质学上合理的阻抗剖面。

初至拾取是后续地震处理和成像的基础。随着地震数据量的急剧增加，人工采集成为最耗时的方法。为了应对这些挑战，需要开发强大的自动拣选方法。为此，可以利用改进的二维像素卷积网络自动提取首波，将事件拾取问题转化为二值图像分割问题，将首波前后的信号分别标记为 1 和 0。利用钻孔地震数据进行的现场实例分析证明了该方法的有效性以及与传统自动拾取方法相比的优越性。

2.5.3　钻完井领域

经历了概念—经验—科学—自动化的发展过程，形成了以钻完井技术原理和方法为指导，以设备、工具和材料为手段的钻完井工程技术体系。钻完井工程技术已基本实现从经验向科学迈进的阶段，目前正处于自动化与智能化相结合的阶段，整体正在向智能化发展。

智能钻完井是一种新的钻完井模式。智能钻完井应以智能软件系统为纽带，依托地面智能设备、井下智能工具，利用计算模型和智能决策技术，将三者集成为闭环系统并协同工作。井下智能工具主要是配备嵌入式芯片的智能钻机、智能钻头、智能钻杆、旋转导向系统等；地面智能装备主要是具有工业控制核心系统的钻台机器人、起下钻自动控制设备、自动钻井设备等；智能软件作为纽带，将三者融为一体，根据井下地质条件和油藏位置，实现高效、自动钻井至最佳油藏位置和最大产能。国内智能钻完井技术刚刚起步，处于单项技术发展的早期阶段。装备工具整体自动化、智能化与国外相比还有较大差距。

（1）智能钻完井关键技术。

智能钻完井技术包括井眼轨迹智能优化、智能定向钻井、钻速智能优化等。基于地质工程多源数据的井眼轨迹智能优化技术一般采用遗传算法等人工智能算法。神经网络实现钻孔方位角等相关参数的优化。智能导向钻井技术的核心是利用人工智能算法，通过对目标井眼轨迹的实时监测和分析，并采用随钻地震技术等钻井新技术，实现钻井过程的预测和自动控制。近钻头测量技术在钻井速度智能优化方面，多采用大数据和智能优化算法来优化多目标钻井参数，从而达到地层—钻头—参数之间的最佳匹配，实现钻井参数的动态优化设计。钻机联动并自动发出控制指令，智能优化机械钻速。常用的算法有随机森林、人工神经网络、蚁群算法、粒子群算法等。

（2）智能钻完井装备。

在地面设备方面，国外石油公司已开始大规模应用钻台机器人、起下钻自动控制、自动送钻系统、自动控压钻井、钻井液在线监测等技术。井下工具方面，智能钻机、智能钻头、智能钻杆可实现钻台无人作业和钻井自动化精准控制，大幅提高钻井效率，降低钻井风险和人工成本。旋转导向钻井系统的规模商业化应用，既保证了钻头高效破岩，又实现了智能导向。根据地质条件和油藏特征信息，采用神经网络等方法建立钻井工艺参数优化模型，以获取最大油气产能为目标函数，并将计算出的最优工艺参数与在钻井和测量时实时获得的数据，自动找到最佳曲目。

我国已研制出自动化钻机，基本实现了管柱的自动控制。然而，传感器对局部状态检测的可靠性和有效性，以及设备在线预警和诊断的准确性有待提高。液压驱动设备的运动精度不高，整体智能化程度偏低。控压钻井设备基本自动化，工控软件感知井筒、识别地层的能力有待提高。井下工具方面，随钻测量等井下工具已基本国产化，但整体感知能力仍有待提高。在精准地质引导、精细地质评价、智能化等方面还有待进一步提升。

（3）智能钻完井软件。

在应用软件方面，数字孪生系统、自动控制系统、钻井过程模拟、远程决策软件实现了商品化，并不断发展完善。国外基于海量钻完井数据，引入机器学习、大数据、云计算等前沿技术，形成井筒环境预测方法和表征地层力学行为特征的系统，开发了钻完井大数据集成与分析平台，基于云平台的建井工程设计与智能优化系统，集成压裂优化软件，大大提高钻完井工程设计、复杂工况预测、分析优化和精准控制水平，最大限度实现钻完井工程的自动化和效率化、智能化。

哈里伯顿建井项目4.0引入大数据分析、钻井分析智能优化平台等，构建数字孪生井筒，覆盖钻前模拟预览、钻中实时决策、钻后全流程、钻孔回放分析。DrillPlan是斯伦贝谢勘探与开发认知集成平台（DELFI）中的集成油井设计解决方案，可以将钻井设计规划的时间从几周缩短到几天。康菲石油钻完井大数据分析平台（IDW）可以简化数据收集和处理过程，同时可以对数据进行有效分析，可用于减少钻井时间、优化完井设计、提高对地层数据的理解。国内智能钻完井软件刚刚起步，基本具备钻完井设计、监控优化等功能，综合性和现场适用性有待提高。

（4）智能钻完井一体化平台。

斯伦贝谢新一代陆上"未来钻井系统"（Drilling System of the Future）将数字技术、设备、工具和软件有机地结合成钻井系统，配备自动钻杆装卸装置，内置更多超过1000个传感器。可监控350余台钻机的活动情况，不断提高自动化、智能化水平。

国民油井钻机综合控制平台（eVolve）集成了地面设备控制软件系统（NOVOS）、信息化钻杆（Intelliserv）、随钻测量工具（BlackSteam）、分析优化软件（DrillShark），整合采集的动态数据井下结合地面数据进行分析处理，与钻井综合仿真模型配合交互，借助NOVOS控制系统实现整个钻井闭环控制。在Eagle Ford页岩地层6口水平井中应用，纯钻井时间减少37%，但面临应用成本高、系统可靠性有待提高等问题。

2.5.4 油藏工程领域

油藏工程的核心任务是基于渗流力学和油藏物理，研究油藏开发过程中油、气、水的运移规律和驱替机理，从而采取相应的工程措施，实现合理提高产量和恢复率目的的。工业4.0时代，水库工程智能化已成为必然趋势，其核心本质是借助计算机算法和软件工具，充分认识储层及流体渗流规律，实现智能化动态管理和产量预测。

（1）油藏动力分析与模拟。

油藏工程主要通过油藏数值模拟和油藏工程方法来实现动态分析和模拟。目前人工智能的应用主要集中在注水开发实时控制、产量预测、饱和度预测、生产措施优化以及数值模拟等方面。

在注水开发实时控制方面，主要利用优化、数据挖掘等技术优化生产参数。在动态观测数据的约束下，利用传统的数值模拟和优化算法，通过自动识别分层注采流动关系，计算不同层位注采井的流动关系。同时，采用多层、多向生产分割技术，计算不同层位、不同方向采油井的产液量和产油量，量化注水效果指标。采用机器学习算法对多井层注水效果进行评价，分析注水调整方向，提出一套大数据驱动的细粒度注水方案优化方法。结合油田试验，初步实现了以注水方案设计、智能优化、同步调整为核心的油藏与生产工程一体化技术。最新进展包括：以碳酸盐岩油藏为研究对象，利用流线聚类方法区分具有不同水相驱动能力的流线，并对同一注采井之间的流线进行进一步细分，从而提出了一种基于流场识别的方法。提出基于流线聚类人工智能方法对流线模拟结果进行水驱油藏流场识别，为注水优化、井网层间调整、深部调剖提供决策依据。

在产量预测方面，有学者将油藏的静态参数、动态参数和生产参数作为输入，采用循环神经网络预测累计产油量、累计产液量。技术进步包括：以油田产量历史数据为基准，考虑产量指标与其影响因素之间的关系，以及产量随时间变化的趋势及其相关性，利用长短期记忆神经网络利用深度学习领域的 LSTM 网络（LSTM）构建相应的油田产量预测模型，达到特高含水期油田产量预测的目的。与传统的水驱曲线法和 FCNN（全连接神经网络）模型相比，该模型预测结果更加准确。基于大量历史数据，利用线性回归和递归神经网络两种机器学习算法，提取隐藏模式和潜在关系，不需要地质模型或油藏数值模拟，仅通过注入历史、生产历史和数量生产井这三个时间序列用于实现陆上注水、注蒸汽成熟油田的产量预测。此外，应用循环神经网络控制参数和历史生产数据，将控制参数（流量和井底压力）与预期生产数据（如产量和含水率）直接连接起来，实现端到端生产预测工作流程，更好的油藏特征和产量预测可用于在油藏投入生产时快速指导开发。

在饱和度预测方面，可以采用差分进化（DE）、粒子群优化（PSO）和协方差矩阵自适应进化策略（CMAES）等优化算法来优化函数网络（Functional Network）模型。Data 为输入数据，含水饱和度为输出参数，建立含水饱和度预测模型。实验表明，与核心实验值相比，该模型预测含水饱和度的准确率为 97%。利用神经网络技术开发和验证智能代理模型，用于油藏模拟历史拟合、敏感性分析和不确定性评估。通过两个油藏实例分析，验证了该模型在产量、油藏压力、相饱和度等方面具有良好的预测效果，并能提高计算速度。

在生产措施优化方面，基于模糊推理系统，将所有相关参数转化为具有低、中、高类隶属函数的模糊变量，构建基于人工智能的致密砂岩气藏识别决策方法，具有重复压裂潜力的候选井。为了预测目标油藏的未来生产动态并探索可能的提高采收率方案，提出了一种人工智能方法，以消除使用有限数据处理高度复杂、非均质碳酸盐岩油藏的耗时过程和固有的不确定性。该方法提供了更准确的储层描述，简化了动态模型的标定，提高了历史拟合的质量。

在数值模拟方面，有学者尝试利用现有历史数据构建智能模型，实现历史自动拟合，加快数值模拟速度。神经模拟协议结合了内部数值模拟包和基于人工神经网络的专家系统，建立了神经模拟工作流程，允许专家系统使用数值模拟模型生成的数据自动更新其知识库。利用神经网络模型和遗传算法解决油田历史匹配问题。在此应用中，人工神经网络专家系统经过训练来模仿高保真数值模型来预测油田生产数据。

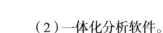

（2）一体化分析软件。

国外油藏动态分析预测综合分析软件有：斯伦贝谢的 Eclipse 及其升级软件 INTERSECT；Landmark 的油藏数值模拟软件 VIP；俄罗斯 RFD 公司的 tNavigator 等。这些软件利用机器学习等人工智能技术，进行自动历史拟合，加快仿真速度，从而提高软件的智能化水平。HiSim 由中国石油勘探开发研究院自主研发，正在加速与深度学习、机器学习等人工智能技术的融合，进一步提升仿真效率和智能化水平。基于计算几何、形态学和优化方法开发的 IRes 油藏分析软件，实现了分层注采水驱开发的实时监测和智能控制。

2.6 石油服务勘探开发业务数字化转型及应用部署

面对外部环境和行业市场的重大挑战，油服企业转型迫在眉睫。基于埃森哲团队的经验，我们认为石油服务企业迫切需要抓住数字化创新的机遇，充分借鉴龙头企业的实践经验，积极开展数字化转型问题研究，逐步推进数字化转型落地。实施，并从业务数字化和数字业务化两条路径上取得转型突破，对内打造智慧石油服务企业，对外构建智慧石油服务生态圈，助力石油服务企业赢在未来 [1]。

2.6.1 油田服务勘探业务数字化转型焦点

埃森哲认为，石油服务企业的业务数字化需要围绕客户、经营、运营三大领域，挖掘数字化应用场景，实现智慧客户、智慧经营、智慧运营的三大智慧，构建智慧石油服务公司。

（1）智慧客户：打造一体化客户服务，优化客户体验。

对内实现智能化客户管理，对外提供数字化客户服务。基于客户内外部信息整合和数据分析，我们可以充分了解客户，挖掘客户需求，实现快速响应。同时，我们为客户提供统一的在线服务联系方式，以及远程咨询服务，实现对客户精准优质的服务。

（2）智慧运营：打通企业智慧运营，共享内部资源。

拥有多个业务线和海外分支机构的石油服务企业。办公方面，实现了全公司范围内的连接，实现了企业内部的一体化管理和资源共享，提高了运营效率，降低了运营成本。

（3）智慧运营：推动业务数字化运营，减少人力投入。

打造跨业务数字化应用，包括设备全生命周期数字化管理、智能研发制造、智能供应链、远程作业支持、QHSE 智慧管理等。

①装备全生命周期数字化管理：建立装备管理一体化统一视图，实现装备的智能化和预测性管理，实现装备全生命周期价值最大化。

②智能研发制造：在研发及制造领域，实现研发、生产、评价的数字化闭环管理，包括产品设计虚拟仿真、柔性生产、制造产品跟踪追溯等。

③智慧供应链：打通采购、仓库管理和物流等供应链全链条数据，掌握需求并智能应对，实现透明即时的供应链管理。

④远程作业支持：建立陆地远程支持中心，连接海上作业现场，获取现场信息进行远程判断决策，并通过与海上人员、设备的快速连通提供实时的远程作业指导及作业设

备控制。

⑤ QHSE 智慧管理：对 QHSE 指标进行全面监控及分析，并及时进行风险预测预警及应急处置调度，提升 QHSE 整体数字化水平。

2.6.2 油服勘探生产业务数字化转型应用部署

在服勘探生产业各种运营业务中部署数字应用程序，例如：

（1）在地球物理勘探过程中，采用水下无人机执行勘探任务，减少作业人员。同时，通过地震勘探数据的管理和智能分析，生成决策建议，辅助运营决策。

（2）钻井过程中，利用传感器、摄像头等设备对钻井平台进行数字化巡检，减少巡检人员；建立钻井船体结构安全分析模型，实现船体结构智能检测和安全预警；在钻井平台上建立控制中心，配备机器人，实现钻井作业的自动控制和远程控制，减少人工操作；实现设备自动清洗、智能混浆等钻井辅助作业智能化。

（3）在测井、录井过程中，对测井资料进行自动分析处理，辅助后续完井和生产决策支持；利用物联网和大数据分析，对测井作业风险点进行智能分析，对测井堵塞进行智能分析和防范，实现测井施工方案的智能调整。

（4）在固井过程中，通过固井作业方案的智能设计，固井方案成本、效益、质量的智能预测，固井智能施工，实现了固井工程的智能化。

（5）在油田生产环节，智能分析压裂增产数据，自动修正施工参数，实现压裂增产智能施工；通过油藏动态智能分析预测，调整挖潜方向，提高油田开发效果，提高油田采收率最终收益。

（6）在运输环节，结合船舶设备改造，采集船舶设备、成本、水上交通等数据，利用数据分析监测船舶设备健康状况，优化能效管理和成本分析预测，实现智能规划和智能化船舶航线的导航。

2.7 油气勘探开发数字化转型未来展望

随着人工智能、机器视觉、虚拟现实、高速通信等技术的深入发展和新技术的应用，业务协同共享、一体化智能协同将成为智能油气开发生产组织的主要特征。在这种新模式下，可实现运行检测与维护、开发与生产管理、协同研究、运行管理与决策一体化的智能化运作，大大提高开发与生产组织效率和技术合作水平，从而成为"石油公司"模式改革的方向。

（1）在运行巡检维护层面，全覆盖信息采集、远程控制、生产现场机器人自主巡检、无人机自动巡检、管道站场智能安防、流体在线分析、检查和液体取样等技术替代人工现场操作。通过建立区域运维共享中心，提供预防性维护和检修业务需求。具体来说，新的共享维修业务解决方案通过重塑业务流程，将原来分散的巡检维修活动转变为集中统一调度，并且进一步标准化，实施标准更加统一。共享服务模式可以更高质量、更高效地匹配各油气生产现场的需求，各单位不再需要单独组建工作内容相似的操作人员队伍，购买重复性高的维护工具。同时，随着油气田开发工作量的变化，可以根据公司的部署更快地调配人力、物力、设备资源。

（2）在生产经营组织和技术研发层面，将油气生产、技术研究、实验分析等海量数据导入数据湖。通过大数据管理、运行监控、智能分析、自动生产调整等功能，将技术和管理人员从海量数据和模型中解放出来。通过建立数据采集、调度指挥、生产分析、技术管理、协同攻关为一体的综合开发生产管理平台，构建一体化的开发生产协同环境，实现人员生产调度、技术管理的高效率、科研分析等合作。采用跨部门矩阵组织开展工作协作，实现生产优化快速响应、研究成果有效整合、海量数据充分共享。同时，智能化带来了生产组织模式的扁平化，即单井完全无人值守，作业区和采气厂一体化为新的油气开发生产管理区。直接管理到生产工位，减少管理层级，提高管理效率。

（3）在经营管理决策层面，利用云计算、大数据分析、原生数据挖掘、主数据治理、商业智能分析等技术，在各个数据孤岛之间建立联系，将开发生产数据与企业数据联系起来。财务运作、人力资源、物资采购、工程建设等全要素耦合，探索数据与人、生产、政策、利润、业务的关联。通过数据回归、提取、建模、计算、分析业务数据成为企业专业管理、业务分析、战略规划和实施的支撑基础。从传统的子系统运营、期末核算、事后分析向业务联动、事前预测、事中控制、最优决策转变。利用数据驱动管理，实现快速响应市场变化、智能监控业务运营、智能辅助决策。

参 考 文 献

[1] 埃森哲.寻找发展破局之道——数字化助力油服企业转型升级 [R].2020.

[2] 贾静，陈林，付新，等.数字化转型背景下油气开发生产组织新模式探索 [J].西南石油大学学报（社会科学版），2022，24（3）：1-9.

[3] 匡立春，刘合，任义丽，等.人工智能在石油勘探开发领域的应用现状与发展趋势 [J].石油勘探与开发，2021，48（1）：1-11.

第3章　三维地震体数据智能化应用

三维地震勘探技术是一项集物理学、数学、计算机学为一体的综合性应用技术，其应用目的了为使地下的图像更加清晰、位置预测更加可靠。三维地震勘探技术是从二维地震勘探逐步发展起来的，是地球物理勘探中最重要的方法，也是当前全球石油、天然气等地下天然矿产的主要勘探技术。由于三维地震勘探获得信息量丰富，地震剖面分辨率高，地下的古河流、古湖泊、断层等均可直接或间接反映出来。地质人员利用高品质的三维地震资料找油、气，中国近期发现的大的油田、气田全要归功于高精度的三维地震勘探技术。三维地震勘探技术在实际油田勘探、开发中起到了决定性的作用。如何能够方便、快速、准确地在油田公司内共享三维地震解释成果，成为当下油田急需解决的一个问题。

3.1　工程背景

中国石油长庆油田公司（简称长庆油田）自 1989 年开始采集三维地震资料，经过30 年的不断探索与积累，采集总面积为 11890km^2。为有效支撑非常规油气工程甜点预测及水平井精准导向等工作，油田公司加大黄土塬区三维地震部署力度。而近五年部署采集工区 18 个，采集面积 7446km^2。目前这些地震成果存储于地球物理室 GeoEast 工作站；地震反演等属性以 SEGY 形式存储在各个项目组 PC 工作站中。

由于地震专业软件应用难度与数据存储局限性，使得地震数据信息化共享应用较为薄弱，最为迫切的技术需求是在平台里快速、便捷地实现解释成果包括油藏建模数据在线提取及展示，为井位论证、地震勘探部署、项目验收中提供决策支持数据分析的技术手段，为此构建了三维地震体数据智能化应用系统。

总体目标是通过高新技术引进及系统集成，实现 RDMS 平台下的地震数据应用功能，实现地震解释成果数据及油藏建模数据在线提取及展示，为 RDMS 井位论证、地震勘探部署、项目验收中提供决策分析的技术手段。系统采用互联网技术、应用空间数据库技术、HTML5 技术和网络地理信息技术，并借助云计算技术，为地震资料及其解释成果提供全新的基于网络可视化应用方案。主要功能如下：

（1）GeoEast 接口功能开发。

实现 Linux 平台下地震工区 Segy 数据体、解释层位、断层数据、井信息等数据同步接口开发。在已有数据同步接口的基础上开发数据发布工具，用户可以方便、直观选择要发布地震工区信息，同时对发布数据进行标准化命名。

（2）地震解释成果可视化。

基于现有的软硬件条件，应用云计算、空间地理信息、HTML5 技术，实现三维地震成果海量数据在线高速传输和应用。基于 Web 浏览器在线可以在三维地震数据体中切取横测线、联络线、任意线地震剖面并以十字、箱状、栅状等方式展示；地震解释层位、断层、井轨迹、井曲线、合成记录同时可以在地震剖面上叠合展示。

（3）与 CQGIS 系统接口开发。

实现 RDMS 平台下井相关信息动态获取，包括井基础信息、井轨迹信息、测井曲线信息。与 CQGIS 双向联动接口开发，实现了在 CQGIS 底图上动态加载地震工区；同时在 CQGIS 上实现连井地震剖面绘制，使地震、地质相结合为井位部署提供了综合分析手段。

（4）云计算实现在线应用工具。

通过云计算提供地震瞬时地震属性分析、振幅统计和调整、地震滤波等在线应用系列工具。

（5）大数据分析及挖掘技术。

通过大数据挖掘与分析技术实现盆地范围内跨任意三维地震工区大剖面在线绘制。

3.2 主要功能

3.2.1 GeoEast 地震工区数据发布

针对 GeoEast 软件运行在 Linux 平台，软件项目库中地震工区 Segy 数据体、解释层位、断层数据、井信息等数据以结构化和非结构化的方式存储，以及服务器之间操作系统不一致存在跨平台的情况。开发数据发布工具用户可以方便、直观选择要发布地震工区信息，同时对发布数据进行标准化命名。针对结构化数据，采用了 Web 服务的方式直连 GeoEast 项目数据库，来获取数据；针对非结构化数据，采用 Socket 通信的方式解决了 Liunx 系统与 Windows 系统跨平台数据传输的问题，保证非结构化文档同步，数据同步架构如图 3.1 所示。

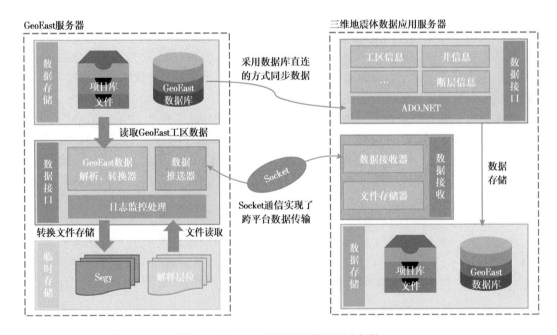

图 3.1 GeoEast 地震工区数据同步架构

（1）地震工区数据发布工具。

地震工区发布工具，是通过接口程序读取 GeoEast 地震工区数据库信息。并且把 GeoEast 下所有项目（项目下地震工区、工区下的地震数据体、解释层位）信息全部以这种所属层次关系展现到页面上，如图 3.2 所示。由业务人员在界面上选择要发布的地震工区、数据体、解释层位信息，同时对这些发布内容进行了标准化命名。这样就保证了发布数据规范性、完整性和准确性。

图 3.2　GeoEast 地震工区发布工具主界面

（2）地震工区结构化数据同步。

根据地震工区数据发布工具发布的工区信息，软件接口程序直接从 GeoEast 项目数据库获取该地震工区井基础信息、井时深数据、井合成记录、断层数据等结构化数据，通过 Web 服务同步到地震可视化服务器。

（3）地震工区非结构化数据同步。

根据地震工区数据发布工具发布的工区信息，软件接口程序获取 GeoEast 项目数据库各类地震数据体后，应用空间索引及压缩算法转换为可视化系统格式，采用 Socket 通信机制实现跨平台文件传输，同步到可视化文件服务器。

3.2.2　油藏地质模型数据加载

开发一套油藏地质模型加载工具，能够解析 Petrel 软件导出的 eclipse 格式文件，获取模型中网格数据、属性数据、小层数据并存储到可视化系统文件服务器，如图 3.3 所示。目前该工区可以解释 Petrel 2006、Petrel 2009、Petrel 2012、Petrel 2016、Petrel 2018 等不同版本导出的格式文件。

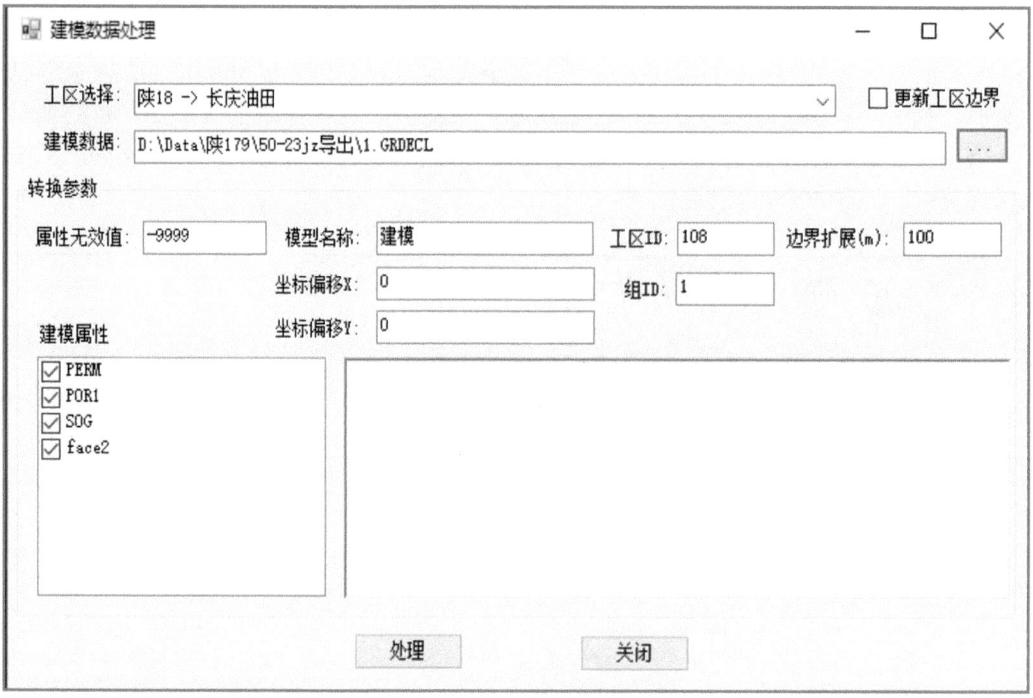

图 3.3　地质油藏模型解析工具

3.2.3　地震成果可视化

（1）技术架构。

三维地震智能化应用系统模块采用互联网技术、空间数据库技术、HTML5 技术和网络地理信息技术，并借助云计算技术，为地震资料及其解释成果提供全新的基于网络可视化应用方法。数据存储层管理各类单井和地震数据，数据服务层提供数据组织服务，空间查询服务等服务，业务处理层检查数据，提取关键信息，处理结果提供前端展示层进行渲染呈现。应用层以台式计算机、平板电脑、智能手机为载体，实现 GIS 导航，剖面绘制，井震分析等功能。地震成果可视化架构如图 3.4 所示。

（2）GIS 底图集成展示。

系统整合了专业 GIS 地图显示功能，并采用坐标动态转换技术，以"WGS84 经纬度坐标"为中间格式，利用 Proj4 地图投影库实现大地坐标 18 度带与 19 度带坐标实时、动态转换。解决长庆油田 18 带及 19 带跨代地震工区数据同时在 GIS 底图上展示的问题。

在 GIS 导航页面，以树状结构按照采集年度列出地震工区，在 GIS 图上动态加载工区边界。可以在 GIS 底图快速切换、定位地震工区、单井位置，通过右键菜单在地震工区范围内任意切取主测线、联络线以及任意线地震剖面，打开地震工区二维、三维应用场景，鼠标可以在平面 GIS 图上与剖面图上的联动。GIS 地图坐标转换处理逻辑如图 3.5 所示。

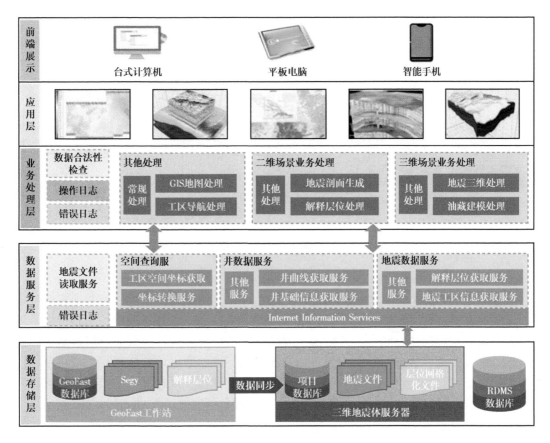

图 3.4　可视化实现架构图

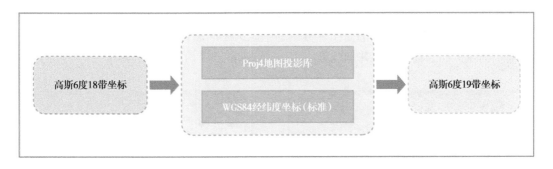

图 3.5　GIS 地图坐标转换处理逻辑图

（3）RDMS 平台井数据动态获取。

GeoEast 地震工区解释时只是加载了部分井，在地震应用场景中也只能查询、展示这些井的相关信息。

为了使扩大地震工区范围内井的地震应用数据，开发与 RDMS 平台动态获取井相关数据服务接口，实现地震工区范围内的井都可以动态加载（图 3.6），并与地震数据结合展示分析。这样研究人员就可以根据实际需要来灵活的选择需要分析的井，不再受到

GeoEast 井工区数量的限制。

通过 Web 服务方式从 RDMS 平台下获取井基础信息、从测井数据库 Wis 文件中提取井轨迹、测井曲线数据、从水平井库中获取正钻水平井轨迹数据，并结合 GeoEast 井时深数据，进行实时、动态计算生成最终与地震体相匹配的成果数据。

图 3.6 RDMS 平台井数据获取示意图

（4）地震成果可视化。

通过应用 HTML5 框架和 WebGL 技术实现在 Web 浏览器在线快速查看地震解释成果、地质油藏模型数据在线应用。基于 Web 浏览器在二维、三维场景中快速提取展示地震剖面、地震解释层位、断层、井轨迹、井曲线、地质模型属性数据、小层、地表影像等信息。解决了地震数据网络应用和多用户操作的问题。通过该功能实现了油田范围内地震解释成果数据的共享。支持专业数据包括井位、地震工区边界、地震网格、解释层位网格、地震水平切片数据的叠合展示功能。剖面颜色调整按照类 GeoEast 方式，实现了 256X256X256 真色彩配置。

①地震剖面生成及网络传输。

三维地震剖面分块存储在服务器中，后端处理程序会根据指定切取剖面轨迹，计算出切取数据所在文件块存储的索引位置，根据索引位置快速提取地震体数据，并生成对应地震剖面图片。通过计算，地震剖面图片分割为指定大小的图片在网络中以瓦片流的方式进行传输，前端页面会逐一接收并加载显示。示意图如图 3.7 所示。

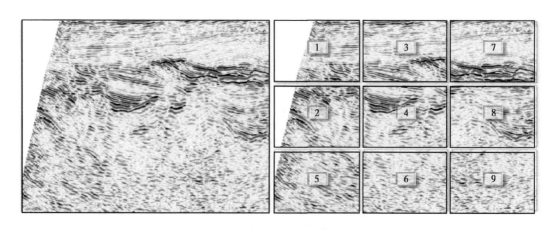

图 3.7 瓦片流传输示意图

②三维图形渲染。

系统采用硬件技术和软件技术相结合的方式实现了图形渲染。通过硬件 GPU 技术保证了渲染的速度降低了客户端的内存消耗；使用成熟的软件类库 Babylon（Babylon 是一款开源的 Web3D 渲染引擎类库，支持虚拟现实、创建复杂交互专业系统的能力）技术进一步保证了渲染图像的品质。其处理逻辑如图 3.8 所示。

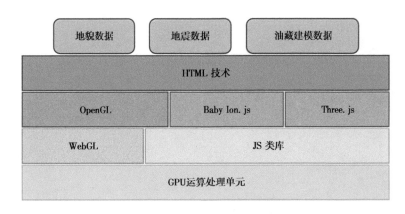

图 3.8　3D 图形渲染处理逻辑图

③地震剖面二维可视化。

实现基于 Web 浏览器快速切取横测线、联络线、过井任意线的地震剖面并以"变密度""波形变面积""灰度"等方式展示。支持剖面颜色调整；按纵横比例、指定任意大小等方式调整剖面大小；同时在地震剖面上可以叠合展示解释层位、断层、井轨迹、测井曲线、合成记录等，进行井震结合分析。其展示效果如图 3.9 所示。

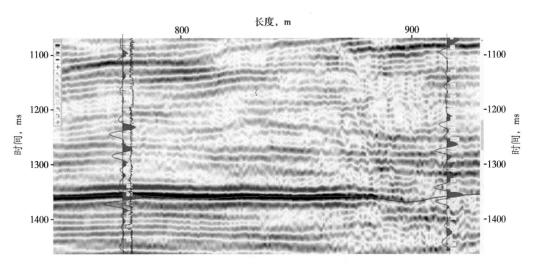

图 3.9　三维地震成果在线展示效果图

④地震剖面三维可视化。

在全三维场景中可以动态以十字、箱状、栅状、任意线的方式展示地震剖面；动态展示地震解释层位、井轨迹、测井曲线、油藏地质模型属性、地质模型小层数据；支持沿井轨迹随钻跟踪、沿井轨迹切取地震剖面、地质模型属性；动态叠加地表影像等功能。其展示效果如图 3.10 至图 3.13 所示。

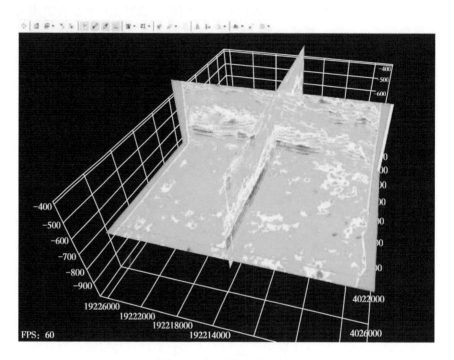

图 3.10　十字剖面展示效果

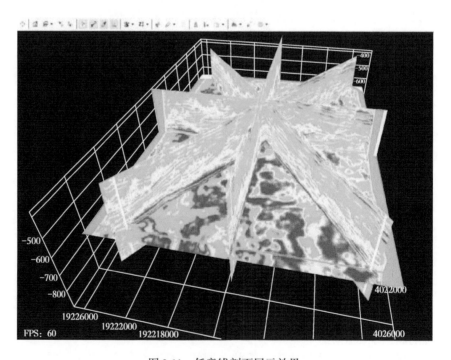

图 3.11　任意线剖面展示效果

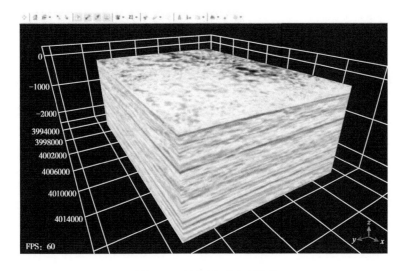

图 3.12 箱状剖面展示效果

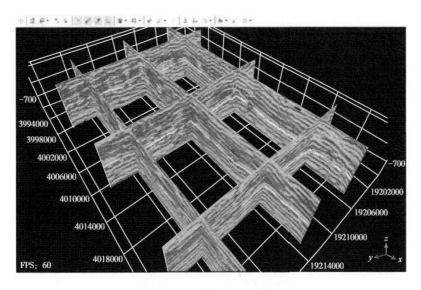

图 3.13 栅状剖面展示效果

（5）跨工区剖面绘制。

通过大数据挖掘与分析技术实现了盆地范围内跨任意三维地震工区大剖面在线绘制。其基本算法是使用 Ray Casting 算法得出各个地震道样点在三维地震工区内所属的区域从而确定所属地震工区；根据各个样点所处地震工区的数量，确定各样点对应的子节点数，将各样点的子节点经不同的联络线动态构建网络；根据地震工区数据质量，地震初至等信息给各个地震道赋予权重，利用 Dijkstra 最短路径法，获取网络中各节点之间最短路径的顶点集；根据顶点集找取对应的地震数据，构造三维地震工区的地震剖面图。相关示意图及效果图如图 3.14 至图 3.16 所示。利用本项技术，可以实现盆地范围内跨多个三维地震工区上（可达到 100 个地震工区以上）高效、优化的地震剖面数据提取；避免工区拼接处理，为项目研究节约大量资金。

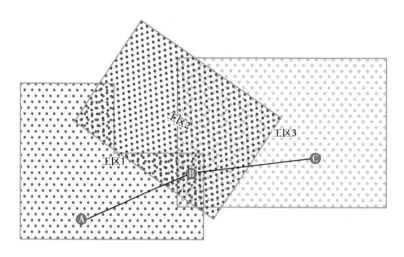

图 3.14　跨工区剖面选取示意图

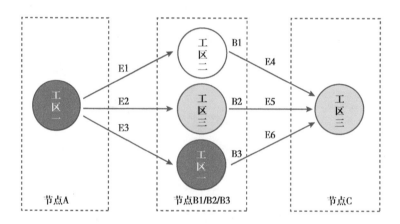

图 3.15　最短路径计算示意图

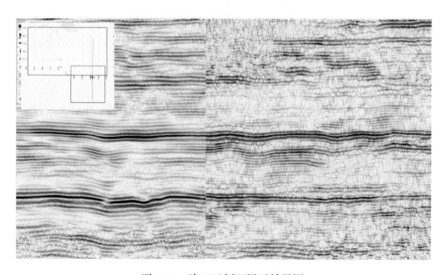

图 3.16　跨工区剖面展示效果图

3.3　应用效果

系统已经上线测试并使用，在井位部署论证、储层评价、"甜点"优选等工作中发挥重要作用。

3.3.1　GIS 导航定位

以井位部署论证工作为例，登录系统进入导航页面，首先在页面左侧地震工区列表树中选择研究目标，双击鼠标，在界面中间 GIS 底图中叠加地震工区解释层位网格数据，在界面右侧列出与该三维工区相关的各类成果数据和地质建模数据。其页面整体效果如图 3.17 所示。

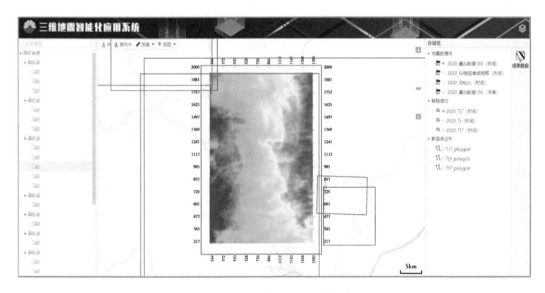

图 3.17　GIS 导航页面整体效果图

3.3.2　意向井添加

对于初步确定的意向井，通过批量加载坐标或者在 GIS 图上直接点击鼠标的方式添加意向井位。经过深入讨论后，需要修改意向井坐标时，选中该井直接可以拖动鼠标移动到新的有利区。其效果图如图 3.18 所示。

3.3.3　连井剖面二维可视化

在二维场景下，可以按照用户实际需求对过井地震剖面显示方式（变密度、波形变面积）随意切换。在地震剖面上动态叠合地震解释层位，并根据用户观点调整层位显示颜色。对于单井数据，可以根据时深关系动态叠加井轨迹、井分层、测井曲线、合成记录等。应用灵活的剖面缩放、增益调整、颜色调整、平剖联动等功能，在线开展井震结合意向井储层分析。过井剖面绘制效果如图 3.19 所示。

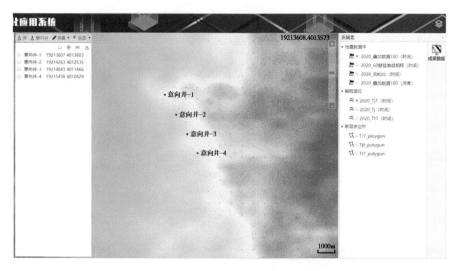

图 3.18 意向井管理效果图

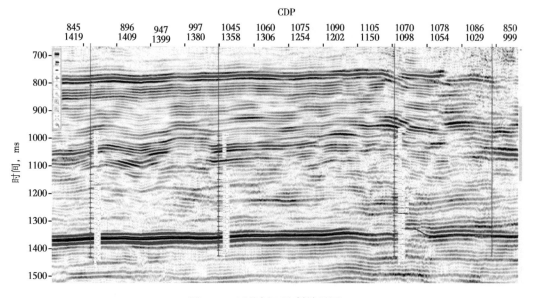

图 3.19 过井剖面绘制效果图

3.3.4 连井剖面三维可视化

在全三维场景中，任意选取常规剖面、反演剖面、属性剖面，按照十字、箱状、栅状、任意线的方式立体直观的展示地震数据体剖面。通过鼠标拖拽的方式移动剖面，可以逐个共深度点（CDP）进行剖面对比分析。对于属性剖面用户能够按照个人地质认识在线调整剖面颜色，进行二次解释。通过加载系统自动网格化处理后的目的层的解释数据，观察储层高低起伏变化情况，掌握储层走势。通过加载区块内地质建模数据，沿意向井轨迹截取模型后，进一步分析意向井油藏变化情况。分析完地下储层特征，加载地表三维影像查看意向井周边地理条件，地上地下综合分析，提高井位部署有效性。其效果图如图 3.20 所示。

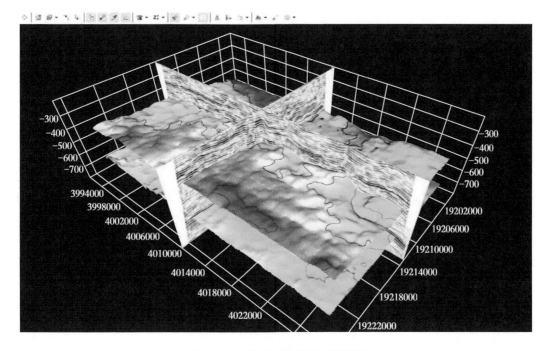

图 3.20　地震解释层位展示效果图

第4章 测井智能解释

测井技术起源于1927年，由法国的思伦贝谢公司提出，使用测井技术可以全面的获得油井的井身结构，为后续的开采工作奠定基础。勘探人员使用测井解释技术对测井所得数据进行分析，研究油藏岩石的物理性质，以实现对油藏的准确表征，从而提高勘探效率和挖掘出更多的油气资源。传统的测井解释是人工解释法，此种方法依赖专家经验，但不同专家的经验不同，给出的结论也会有所差异。随着信息时代的到来，测井数据量剧增，海量的数据给工作人员带来巨大的压力，在这种情况下，继续使用人工解释无法对数据给出高效、可靠的解释。然而，使用人工智能、机器学习算法能够很好地解决这个问题。

国内外各大油气勘探领域的专家开始逐渐使用机器学习算法对油气数据进行分析。石油勘探领域的相关会议和期刊也开始召开将人工智能、机器学习应用于石油行业的专题会议和专刊。人工智能、机器学习在石油行业的应用迅速扩散，帮助从业人员提高油气数据分析的效率。

测井智能解释方法的提出为测井资料解释提供了新的解决方案。主要分为常规测井资料模式识别任务、常规测井资料参数反演任务、成像测井资料三类。

（1）常规测井资料模式识别任务。

针对常规测井资料模式识别任务来说，可采用手写数字体的识别，而手写数字体的识别是一种经典的机器学习算法，可以用来模拟文字信息和标签之间的相互作用，从而获取数据信息。该方法也可以进行岩相智能分组研究，从业人员通过训练数据集（训练输入测井曲线和标签），并建立监督学习模式，得到监督学习模型，以便实现对岩相的分类。

（2）常规测井资料参数反演任务。

针对常规测井资料参数反演任务而言，可以使用回归算法。从业人员首先利用已有的测井曲线资料，创建其与地层参数之间的样本数据集合，接着对数据集进行训练，得到的回归模型，以此来完成测井资料参数反演任务。

（3）成像测井资料。

对于成像测井资料而言，从业人员可以使用深度学习对图像进行特征提取，从而完成像测井资料的识别或分割。深度学习模型能够提取成像测井资料的更高层次信息，提高图像识别、分割的准确率。

虽然测井智能解释方法推动了测井解释技术的发展，但大部分智能解释方法使用单个机器学习算法，而系统集成实现的较少。自从我国加入世界贸易组织（WTO）以来，在石油行业与国际上各大巨头展开了激烈的竞争，由于科技的不断进步，测井数据资料大幅度上升，迎来了"大数据时代"，大数据时代下测井解释所面临的挑战主要有以下几个方面：

（1）测井资料解释朝着多学科融合方向发展。目前测井解释已从单井储层参数转向钻井的工程应用、各种地质评价分析，但是很多商业性测井解释软件不能实现不同测井数据的综合性分析，难以实现测井数据的增值。

（2）油田油气开发难度增大，寻找新的测井解释方法或者改进现有测井解释技术，提高测井解释精度和符合率、提高油气开采率迫在眉睫。

（3）随着石油数据的不断增加和现有测井解释技术的不足，石油测井解释行业已经积攒了大量石油数据，如何利用大数据分析与处理技术对这些数据进行合理解释，探索数据规律，更好地指导石油勘探，是大数据时代下测井解释行业的新要求。

根据大数据时代的需求，迫切需要开发测井智能解释系统，综合使用多种测井解释方法，利用新型的现代化手段，对丰富的石油测井"大数据"进行整合、分析，评价，挖掘出油气层的深层信息，掌握油气层变化规律，从而提高测井解释的效率，更好地进行预测，是当前时代下测井解释所面临的挑战。在如今的测井解释行业，数据分析和云计算已经代替了传统测井资料的建模分析方法，极大地提高了测井解释的效率和准确度。将测井智能解释技术与软件系统平台相结合，利用大数据分析处理技术和云计算技术，开发图件和智能解释模块，以提高石油勘探中开发动静态数据的效率。

本章介绍的测井大数据智能解释系统——WLBIE（Well Logging Big data Intelligent Explanation）主要使用了大数据分析与处理、数据挖掘、数据库、神经网络算法、K 最近邻分类、聚类分析、支持向量机等多种技术。WLBIE 系统的数据库包括静态数据库和样本数据库，静态数据库遵循 RDMS 数据访问标准，样本数据库使用 Oracle 数据库系统，保证了数据存储的可靠性、安全性和完备性。WLBIE 系统使用大数据技术分析和处理测井数据，利用深度神经网络算法、KNN、聚类分析、支持向量机等多种数据挖掘技术对数据进行建模和预测，提高了预测精度和测井解释整体效果。

4.1 国内外研究动态与技术发展

石油测井是石油勘探开发中的重要技术之一，用于评估井壁岩石、地层厚度、孔隙度、饱和度等参数，以确定油气储量和开采效果。随着石油勘探开发技术的不断发展，石油测井解释技术也在不断创新和进步。测井智能处理与解释主要聚焦于测井曲线深度匹配、测井曲线重构、测井物性参数预测、测井岩相类别预测和测井地层划分等方面[1-2]。

（1）测井数据采集和处理技术。

测井数据采集和处理技术是石油测井解释的基础，随着计算机技术和数据处理技术的不断进步，现代测井仪器可以采集更加精细、多元的数据，包括电阻率、自然伽马辐射、中子测井、密度测井、声波测井等。同时，现代测井数据的处理方法也不断创新，包括数据清理、噪声抑制、数据压缩和降维等技术，以提高测井数据的质量和效率。

（2）岩石物理模型和解释方法。

岩石物理模型和解释方法是石油测井解释的核心问题，目前主要包括经验模型、统计模型和物理模型等。经验模型是基于经验和观测数据建立的模型，主要包括叠前反演、反射地震学等。统计模型是基于统计学理论和方法建立的模型，主要包括神经网络、支持向量机、随机森林等。物理模型是基于物理学原理建立的模型，主要包括声波模型、电磁模型、岩石物理模型等。这些模型和方法都在不断创新和发展，以提高测井解释的精度和可靠性。

（3）机器学习和人工智能技术。

机器学习和人工智能技术是石油测井解释的新兴技术，可以通过对大量数据的学习和分析，自动学习和优化解释模型，提高解释的效率和精度。常用的机器学习和人工智能技术包括监督学习、无监督学习、强化学习、深度学习等。这些技术已经在石油勘探开发中得到了广泛的应用。例如，利用卷积神经网络和循环神经网络等深度学习模型，可以实现测井数据的自动解释和分类。

（4）数字化技术和云计算技术。

数字化技术和云计算技术是石油测井解释的新趋势，可以实现测井数据的数字化、云端存储和智能化解释。数字化技术可以将测井数据转化为数字信号，便于存储和处理。云计算技术可以将数据存储在云端，利用云端计算资源进行数据处理和解释，实现智能化解释和数据共享。

（5）实时测井解释技术。

实时测井解释技术是石油测井解释的发展趋势之一，可以实现测井数据的实时处理和解释，以指导现场勘探和开发决策。实时测井解释技术主要包括实时数据采集、实时数据传输和实时数据处理等技术，可以实现测井数据的实时监测和分析，以及实时决策支持。例如，利用实时测井解释技术可以实现井下实时控制和优化生产过程，提高生产效率和油气采收率。

（6）测井曲线重构。

基于人工智能的测井曲线重构，可以通过机器学习和深度学习等人工智能技术，对缺失的或者损坏的油气测井曲线进行自动重构。这种技术利用人工智能算法对已有的测井数据进行学习和分析，从而推断出缺失或者异常数据的值，实现测井曲线的重构。与传统的测井曲线重构技术相比，基于人工智能的方法通常具有更高的准确性和泛化能力，可以应对复杂数据处理任务和大规模数据分析场景。此外，基于人工智能的油气测井曲线重构技术还可以结合数字化技术和云计算技术，实现数据存储和智能化解释，提高数据处理和决策支持的效率和精度。随着人工智能技术的不断发展和创新，基于人工智能的油气测井曲线重构技术将会得到更加广泛的应用和推广。

（7）测井岩相类别预测。

基于人工智能的油气测井岩相类别预测可通过机器学习、深度学习等人工智能技术，对油气勘探开发中的测井数据进行分析和处理，从而实现岩相类别的预测。该技术实现采用机器学习算法对已有的测井数据进行学习和分析，从而推断出不同岩相的特征和规律，进而实现岩相类别的自动识别和预测。通过该技术可精确地划分不同的岩相类型，评估地层情况和油气储量，为油气勘探开发提供更加精准和可靠的数据支撑。此外，基于人工智能的岩相类别预测技术还可以结合数字化技术和云计算技术，实现数据存储和智能化解释，提高数据处理和决策支持的效率和精度。随着人工智能技术的不断发展和创新，基于人工智能的岩相类别预测技术将会得到更加广泛的应用和推广。

随着科技不断进步和创新，石油测井解释技术也在不断发展和完善，新的数据采集和处理技术、岩石物理模型和解释方法、机器学习和人工智能技术、数字化技术和云计算技术、以及实时测井解释技术等将为石油勘探开发提供更加精准、高效的数据支撑和决策支持。

4.2　测井大数据智能解释系统

大数据分析已经成为时代变革的力量，国内外一些石油公司及科研院所也开始尝试着在石油勘探开发中使用这种技术，在测井资料解释领域是否可以应用大数据分析技术，以提高测井解释精度和勘探开发效益，是当代从业人员值得思考的问题。传统的测井资料处理解释方法可分为数据获取、数据预处理、服务性程序、数据处理成果显示与输出等五个步骤，每个步骤都产生不同类型的信息，例如处理流程的选择，处理模型的选择与优化、处理参数的选择，处理结果的确定与优化等，这些信息是具有大数据的显著特点，大量（Volume）、高速（Velocity）、多样（Variety）、价值（Value）。在现有的测井资料处理解释软件中，这些宝贵信息大部分还未储存或利用起来。这是测井解释在大数据背景下面临的机遇和挑战。

随着石油与天然气的勘探进入高成熟精细阶段，各种疑难储层的评价给测井解释技术提出了更高的要求。测井解释依赖的方法主要有交会图、单元线性回归和多元线性回归，但这些线性的评价方法并不能有效地解决岩性复杂、类型多样、非均质性强的各种疑难储层的参数计算和流体识别。因此，为了全方位、多角度吸收测井信息来刻画非线性模型，以便真实还原地质信息，将数据挖掘技术引入测井评价，以弥补线性模型的不足，提高解释精度。

石油勘探开发是一个认识与再认识的过程，勘探开发产生的数据具有学科复杂，类型多样及规模巨大的特点，具有天然的大数据特征。目前国内外石油勘探开发已经在这方面做了很多有益的尝试，例如钻井作业中的套管卡钻预测、采油生产状态预测、生产设备预见性维护、管道腐蚀预见性维护、测井数据预测产量等。针对油藏评价井区，需要开展以下几个方面的工作：

（1）以研究区单井的钻井、录井、测井、试油气等基础数据为训练样本，建立分层系测井解释知识库。

（2）基于大数据分析的油气水层自动判识及产能预测技术研究，运用大数据处理分析技术，集成神经网络、K 最近邻分类、聚类分析等多种机器学习算法，构建测井预测模型，并建立模型评估与修正机制，最终实现储层参数自动计算、油气水层智能判识以及产能分级预测，为测井精细解释与储量计算、开发方案编制提供支持。

（3）以 RDMS 数据资源为基础，基于 CQGIS 图面作业功能，开发测井解释与产能预测辅助系统，全面支撑测井数据智能应用。

基于上述需求，构建了一套适用于长庆油田的测井大数据智能解释系统——WLBIE（Well Logging Big data Intelligent Explanation），让不懂石油专业的人员也能进行解释精细解释，具有重要的生产实际意义。WLBIE 主要解决鄂尔多斯盆地超低渗透储层孔隙结构复杂、非均质性强、不同类型储层产能变化大、测井解释复杂、产能预测难度大的问题，以姬源长 6 油藏作为试点对象，力求运用大数据分析技术提高测井解释精度和产能预测能。

4.2.1　学习样本库的创建

通过平台推送或本地加载方式获取工区数据，随后通过数据处理建立标准样品数据，随后提交样品数据。

（1）数据的推送与提取。

数据的推送与提取包含有两种方式：一种是通过 RDMS 平台直接推送井位、测井数据、气测数据、压裂试油、地层水分析等数据，然后在测井大数据平台中一键接收相关数据并自动建立研究工区，其界面如图 4.1 所示；另一种方式是本地加载数据建立研究工区。

（2）样本数据处理。

①加入曲线别名设置系统，保证各曲线唯一性和批量可处理性。②引入曲线计算功能，为原始曲线提供单位转换及归一化处理功能。③开发 SP 基线校正功能，并对全区 43 口典型井进行校正。④在单井解释中，初期方案是在对应的分层道、解释结论道、试油结论道上提供样本提交工具。⑤学习样本需要完全准备的数据，解释结论、试油结论不一定都可信，这导致在图上不能清晰看出提交的学习样本段。专门创建了流体样本道显示学习样本段及对应流体性质，并保持和数据库的双向对接。

（3）学习样本提交及优选。

①创建流体样本道，在已经确认好的样本数据上复制为流体样本，即可实现在图上清晰查看样本数据段的来源，保持和数据库的双向对接。②提交样本数据，提交样本数据的方式有三种：第一种方式是在试油结论道，可以选择一段一段提交样本数据，也可以在试油结论道道头提交样本数据；第二种方式是在流体样本道道头提交样本数据；第三种方式是在对应的分层提交样本数据。单井样本数据允许提交前查询及导出。

图 4.1　数据推送界面

4.2.2　基于支持向量机的流体预测

支持向量机也称为 SVM 分类，是一种线性分类器，可以对数据进行分类或者回归，通过寻找两类样本的最优超平面，对样本数据进行预测。与其他分类算法（如神经网络、逻辑回归）相比，SVM 对于复杂的非线性方程学习方式更强，当样本线性可分时，直接使用 SVM 进行分类；当样本线性不可分时，通过加入松弛变量和使用非线性映射，使得样本线性可分。SVM 优点表现在：可以解决高维问题，即大型特征空间；解决小样本下机器学习问题；能够处理非线性特征的相互作用；无局部极小值问题；无须依赖整个数据；泛化能力比较强。其缺点包括：当观测样本很多时，效率并不是很高；对非线性问题没有通用解决方案，有时候很难找到一个合适的核函数；对于核函数的高维映射解释力不强，尤其是径向基函数；常规 SVM 只支持二分类；对缺失数据敏感。基于支持向量机（SVM 分类）方法，建立了姬源地区长 6_1 油藏流体性质预测模型，其中基于 GR、SP、DEN、CNL、AC、RT10、RT90 7 条曲线的样本回判率 100%。

（1）筛选学习样本。

以石文平台为基层，开发了学习样本查询接口，学习样本层位筛选工具以及学习样本数据展示界面。学习样本查询接口如图 4.2 所示。

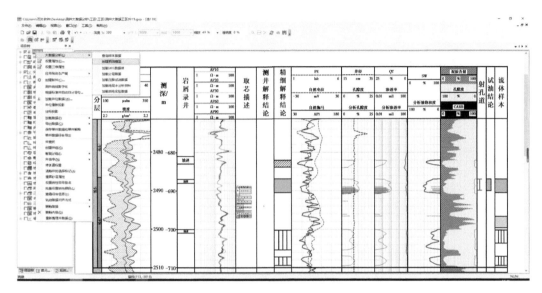

图 4.2　学习样本查询接口

（2）学习样本质量审查。

利用直方图统计分析方法查看每类学习样本数据频率分布区间，对异常段进行针对性统计，并提供删除和修改功能。图 4.3 是学习样本直方图质量审查界面。选择学习样本建设训练模型前，可对学习样本进行属性优选，利用误差检验法确定最佳属性个位数。

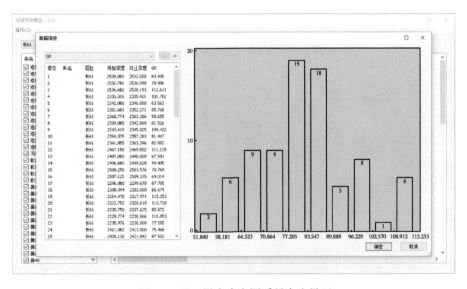

图 4.3　学习样本直方图质量审查界面

（3）利用支持向量机方法建立流体性质预测模型。

图 4.4 为支持向量机方法建立预测模型界面，选择不同的学习对象找到姬源长 6 油藏最佳属性模型，其中基于 GR、SP、DEN、CNL、AC、RT10、RT90 7 条曲线的样本回判率 100%，为最佳属性模型。图 4.4 是 7 条曲线预测模型符合率检验。

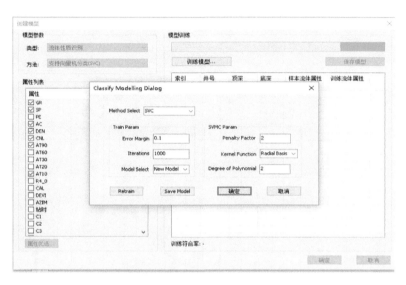

图 4.4　支持向量机方法建立预测模型界面

在单井解释器分层道右键菜单上创建"流体性质识别"选项，图 4.5 是流体性质识别接口图。选择对应学习模型后，可生成流体质识别成果道。图 4.6 是某井支持向量机方法预测结果。

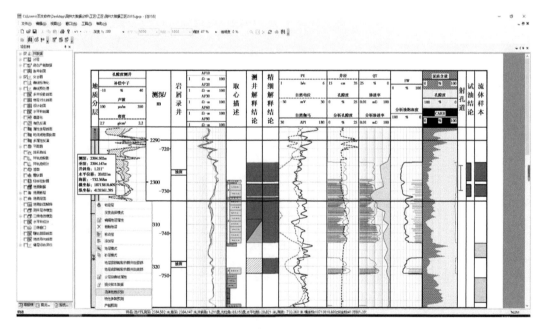

图 4.5　流体性质识别接口

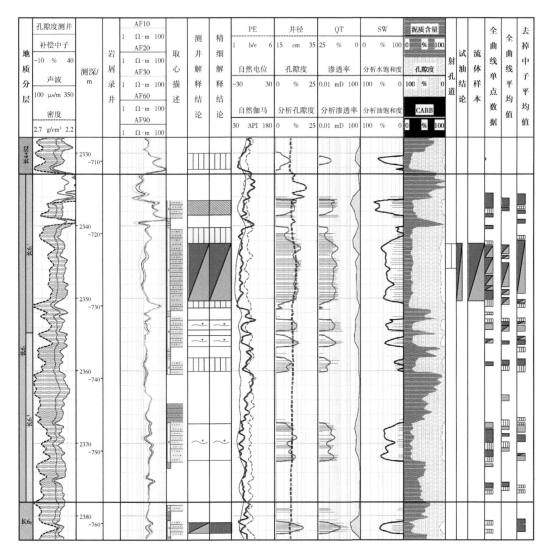

图 4.6 某井支持向量机方法预测结果

4.2.3 基于 K 最近邻分类算法的流体性质预测

K 最近邻分类算法（KNN）是对给定的一个已训练的数据集，对新输入的实例，在训练数据集中找到与该实例最邻近的 K 个实例，这 K 个实例的多数属于某个类，则判定该输入实例同属此类。一般通过交叉验证法选择 K 值，待 K 值选好后，便可进行数据预处理、计算预测点与所有点距离、对距离进行排序并保存排序结果，然后选出距离最小的 K 个点，最后通过"少数服从多数"的原则对测试样本进行预测。

（1）利用 KNN 法进行流体性质预测。

图 4.7 为 KNN 方法进行流体性质识别界面，其中集成独有的近邻选择准则和使用准则智能算法，让研究人员更能合理地使用该方法。

图 4.7　KNN 方法主界面

　　图 4.8 分别为某井的 KNN 方法流体性质识别成果图，从图中可以看出，KNN 方法整体效果较好，比支持向量机方法略好。

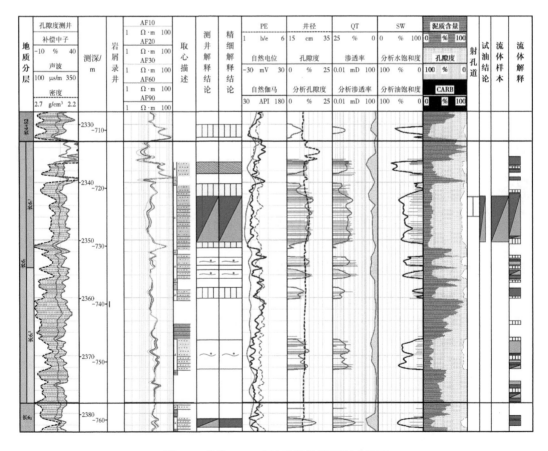

图 4.8　某井 KNN 方法流体性质识别成果图

（2）KNN 法进行孔隙度、渗透率、饱和度预测。

图 4.9 为 KNN 方法进行孔隙度、渗透率、饱和度计算界面，同样可以通过智能选择近邻数、近邻样本以及智能样本用法来预测各物性参数。选取 45 口井的取心段，共 11942 个样本点进行训练，采用全智能参数优选法构建模型，其中最近邻点数为 20，采用属性加权法预测。

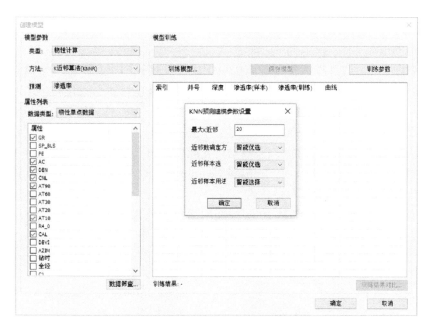

图 4.9　KNN 法预测孔渗饱界面

（3）KNN 法产能预测。

图 4.10 为 KNN 法预测产能界面，方法与物性参数预测一致。

图 4.10　某井 KNN 方法流体性质识别成果图

4.2.4　基于深度神经网络法的产能预测

深度学习（Deep Learning）的基础是浅层人工神经网络（ANN），一般包含输入层、中间隐藏层和输出层，信号从输入层传递到隐藏层、再到输出层。人工神经网络在工作时采用分层结构的方式，任意层级的输入信号必须乘以相应的权值，然后传给激励函数相加求和作为输出结果。当输出结果时，神经网络会不断地训练和学习以调整权值，依次这样工作，不断地适应外界环境，修正权值和阈值，直到最后神经网络的损失最小、输出的结果符合预期设想的值。

在 ANN 的基础上通过添加多个隐藏层后构成深度神经网络（Deep Neural Networks）。DNN 是深度学习的基础，也被称为多层感知机（Multi-Layer perceptron，MLP），除了输入输出层，中间全为隐藏层，层与层之间进行全连接。

利用姬源地区长 6 储层近 200 口数据建立大数据集，利用其他 43 口数据建立小数据集，分别对大数据集孔隙度点对点、大数据集孔隙度加窗、小数据集点对点和大数据集的孔隙度模型对小数据集的迁移学习（Transfer Learning）进行参数优选，具体如下：

（1）大数据集孔隙度点对点参数优选。

神经网络深度对比：图 4.11 是 10 层神经网络预测效果图，图 4.12 是 10 层神经网络训练时轮次（Epoch）对误差（Error）的影响图。

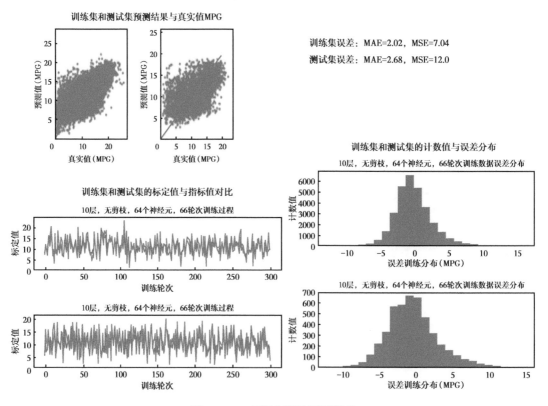

图 4.11　10 层神经网络预测效果

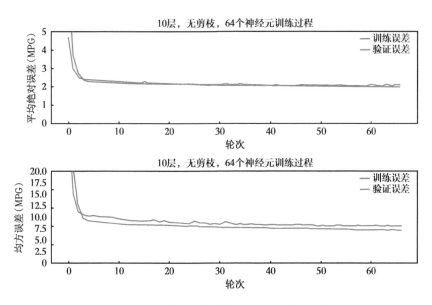

图 4.12 10 层神经网络训练时轮次对误差的影响

浅层网络对比：图 4.13 是 2 层网络中每层 64 个神经元预测效果图，图 4.14 是 2 层网络每层 128 个神经元预测效果图。

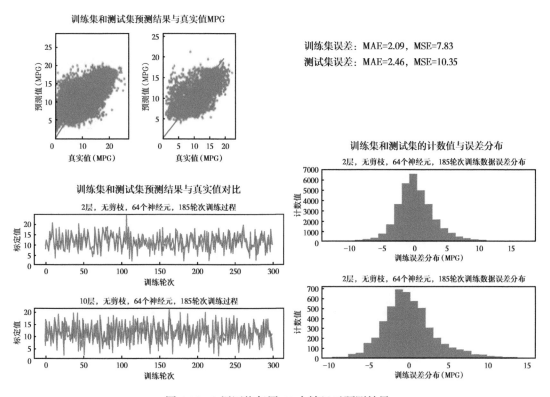

训练集误差：MAE=2.09，MSE=7.83

测试集误差：MAE=2.46，MSE=10.35

图 4.13 2 层网络每层 64 个神经元预测效果

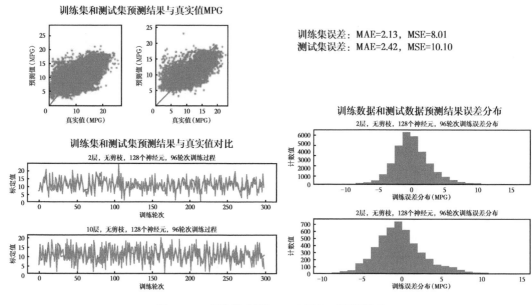

图 4.14 2 层网络每层 128 个神经元预测效果

（2）深度神经网络成果有形化。

利用上述测试结果，在石文软件上继承深度神经网络预测孔隙度、渗透率和饱和度的学习方法，如图 4.15 所示。和物性分析数据对比，神经网络计算结果比原计算结果精度更高。

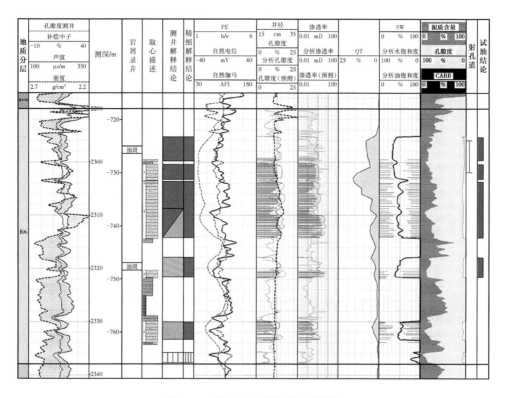

图 4.15 深度神经网络预测成果图

统计分析模块主要是实现单井、多井、井组数据的查询分类统计、图表切换及导出功能。

参 考 文 献

[1] 韩宏伟，王继晨，康宇，等. 测井智能处理与解释方法现状与展望 [J]. 三峡大学学报（自然科学），2022，44（6）：1-14.

[2] 王华，张雨顺. 测井资料人工智能处理解释的现状及展望 [J]. 测井技术，2021，45（4）：345-356.

第5章　岩石薄片智能鉴定技术

岩石是世界上最常见的物质之一，它包含一种或多种矿物质和天然玻璃，其中，由相同矿物组成的岩石称为单矿石，而包含多种矿物的岩石称为复合岩石，是中型材料，体积大且外观稳定。岩石具有许多微观孔隙特性，这些特性与岩石的孔隙结构以及液体在岩石中的渗透特性密切相关。由于这些孔隙含有丰富的矿产资源，因此，岩石薄片图像对于研究各类岩石有着极为重要的作用。

岩石薄片是指用于在偏光显微镜下进行观察研究的岩石或透明矿物的标本制品。通过岩石薄片可以研究岩石的性质、矿物成分、微孔、变质作用、矿物变化和渗透率等。

岩石薄片图像能够反映出岩石的微观特征，制作岩石薄片是观察岩石微观结构的有效途径。岩石薄片图像不仅直观地展示了孔隙的大小、孔喉、碎屑、颗粒的大小及排列形式，还能够反映出孔隙类型、孔隙连通性、泥质含量、渗透率等参数特征，因此岩石薄片图像对岩石微观结构的研究与分析发挥着至关重要的作用。但其存在成本高、时间周期长、准确度低、人力投入大等困难。

伴随大数据时代的到来以及人工智能技术的愈加成熟，研究人员可以从图像中获取海量的信息。在实际生活中，图像的数量及质量往往会受到各种因素的限制，进而影响人们对图像信息的获取。在地质研究中，图像数量的增加使得研究人员对岩石图像的分析更加合理准确，但是从另一方面来说，图像数量的大幅增加对实验人员采集岩石薄片也造成了巨大的负担。目前，解决这类问题主要有硬件和软件两种途径。一种是从传感器、显微镜等硬件设备入手提升采集图像的质量，而这种方式会受到硬件产品本身发展的因素限制。另一种则是通过软件技术来提升图像的质量，甚至生成图像样本，例如一些机器学习、深度学习和数字图像处理技术。因此，利用深度学习对岩石薄片图像的多样本生成及超分辨率重建进行研究对相关人员后续对岩石的研究工作具有非常重要的意义。

5.1　现状与技术发展

随着计算机技术的迅速发展，人工智能技术与石油地质勘探结合得更加紧密，应用在岩石薄片图像处理方面的技术变得更加成熟。岩石薄片图像作为石油勘探与开发领域的一种图像数据，包含了岩石微观结构、特征参数等许多有用信息，是对岩石进行研究的重要数据。

5.1.1　国内方面

2006年，渠文平等人利用数字图像处理技术做了岩石细观量化实验，利用区域生长算法处理图像，实现了岩石图像增强和分割，利用统计学、蒙特卡罗理论、几何损伤理论对岩石图像的微裂隙达到了量化分析的效果[1]。2008 年，李兵等人利用数字图像处理技术，成功获取了岩石薄片扫描电镜照片的渗透率、孔隙度、形态参数等相关数据[2]。2009 年，赵攀等人提出一种基于颗粒单视二维图像信息的反馈神经网络算法。其实验结果表明，可以利用其算法估算模型的非线性映射能力，具有较好的泛化能力和准确性[3]。2010 年，张飞等人针对 CT 扫描图像，提出了一种 CT 图像分析算法。通过对提取到的岩石图像微观孔隙进行分析，达到了 CT 图像增强和图像参数调整的目的。同时，为了观察岩石的损伤特性，其团队实现了对连续 CT 断层图像的三维重建，且实现了不同阶段岩石图像的可视化[4]。2011 年，叶润青等人基于图像分类对矿物含量进行测定及精度评价，提出了直接分类方式和多尺度图像分割算法，验证了矿物检测的准确性，充分说明了基于图像的矿物类含量测定精度的方法有可靠的保障[5]。2012 年，张莹等人将 K-Means 聚类算法应用于彩色铸体薄片的有效分割上，取得较好的聚类分割效果，达到了分析二值图像的微观孔隙面积等数据的目的[6]。2013 年，程国建等人利用 K-Means 聚类分割算法，实现了岩石图像背景与微观孔隙的分割。同时利用概率神经网络，实现了自动化识别岩石薄片图像孔隙，实验结果准确率达到 95.12%[7]。2015 年，殷娟娟等人改进了 SIFT 算法，将其应用于超高分辨率的岩石图像的拼接中。实验结果表明改进后的算法可以减少训练过程的计算量、缩短运算时间、提高拼接的精度[8]。2016 年，程国建等人提出了基于 DBN 的岩石孔隙识别方法和基于 CNN 的岩石图像分类方法，并通过对比分析，证明了其提出的方法在岩石图像领域中的可行性[9]。2016 年，赵倩倩等人基于 Spark 平台，利用 K-Means 算法对岩石图像进行特征提取及聚类分析，实验结果证明其高效性[10]。2017 年，刘丽婷、吉春旭分别利用卷积神经网络和深度信念网络对岩石薄片图像进行分类，达到了较好的实验结果[11-12]。2019 年，张团峰等人提出了一种基于深层生成模型的三维复杂地质相模型生成方法。该方法可以再现广泛的概念地质模型，同时具有满足约束条件所需的灵活性。与现有的基于地质统计学的建模方法不同的是，该方法使用一种称为生成对抗网络（GAN）的最先进的深度学习方法，生成了三维的真实的地下相体系结构[13]。

5.1.2 国外方面

2009 年，Goncalves L B 等人研究了使用层次神经模糊模型，基于这些纹理描述符和一种神经模糊方法，为岩石提出了一种宏观意义上的图像分类方法。有助于地质学家诊断和计划油藏开采[14]。其团队于 2010 年使用基于二进制空间划分的分级神经模糊类方法（NFHB 类方法）对宏观岩石纹理进行分类，NFHB 类方法对所有岩石类别的分类准确率超过 73%[15]。2017 年，Chan 和 Elsheikh 提出使用生成对抗网络（GAN）参数化地质模型的方法。结果表明，GAN 能够生成在视觉上和定量上都保留地质模型的多点统计特征的样本[16]。2017 年，Laloy 等人将 GAN 用于训练基于图像的地质统计反演，引入并评估了一种针对复杂地质介质的基于训练图像的新反演方法。其方法依赖于 GAN 类型的深度神经网络，使用训练图像进行训练后，提出的空间生成对抗网络（SGAN）可以快速生成二维图像和三维图像。2018 年，Dupont 等人讨论了利用 GAN 储层规模的地质建模问题，但仅限于测井数据。该模型展示了如何利用生成对抗网络进行语义修复以生成多种多样的地质实现，这些实现既符合物理测量标准，又符合预期的地质模式。与其他模型相比，该模型可以很好地缩放数据点的数量，并且可以模拟图案的分布，而不是单个图案或图像，而且生成的条件样本是最新的。随着高科技水平的不断提升，深度学习的发展十分迅速。但是对于岩石图像方面来说，图像的学习与生成仍是一个较新的研究课题，有广阔的应用前景。

5.2　工程需求

为了能够从宏观到微观角度，对铸体薄片进行多尺度综合研究，需要用高倍率显微镜采集铸体薄片图像。在薄片鉴定过程我们常常遇到以下几个问题：（1）由于摄像机视域的限制，采集的图像只能反映显微镜下光学视域的一部分。即使在最低物镜倍率下，需要采集多个视域才能完全表示其全貌。应用图像拼接技术，将存在重合区域的多幅图像进行无缝拼接，可以重建一幅较大视域的高分辨率大幅面图像。（2）高倍物镜下视域范围较小，局部的孔隙结构不具有代表性。手工采集多幅图像拼接后分析很困难。例如在 63 倍的物镜下，显微镜的视域范围大约为 $0.125mm^2$，这样采集 25mm×25mm 的铸体薄片大约需要 5000 幅图，同时还要保证重叠度。（3）高倍物镜下显微镜的焦平面极小，铸体薄片表面稍有不平都会使获取的图像聚焦模糊，因此需要利用数学方法计算每幅图像的聚焦位置。（4）由几百幅甚至上千幅图像拼接而成的高分辨率图像，由于计算机内存的限制，超大图像的存储、显示、处理分析均会成为难题。

在此背景下，为了扩大视场范围、获取目标场景的完整信息，通过计算机控制照相设备自动扫描并拍摄目标对象上具有部分重叠的图像，以覆盖整个目标对象，并把多幅重叠图像拼接成一幅高分辨率的大幅面图像，从而使显微图像的获取自动化程度和工作效率大大提高。为此目的构建了岩石薄片智能鉴定系统——RTSII（Rock Thin-Section Intelligent Identification）。

RTSII 系统主要功能表现在：（1）完整地复制了铸体薄片样本，数字化的样本可以多处重复利用，不担心损坏和丢失。解决了时间和空间的研究制约，可以在多个实验室，对多个副本进行不同的研究分析。（2）解决了传统照相中高倍显微镜成像视域极小和低倍显微镜成像细节少的矛盾问题。（3）可以对薄片图像进行不同尺度的分析研究，面孔率、形状因子、配位数等计算参数将更接近薄片实际。（4）对于典型区域典型层位的铸体薄片，可以将数字化的数据成果进行全视域印刷，便于教学、研讨和展示工作。（5）能够使研究人员在远程端计算机上就能够对薄片的所有特征进行观测与分析，并且逐渐建立薄片分析专家库。

RTSII 系统主要针对铸体薄片显微图像的应用进行分析处理，解决如何在显微镜下大范围扫描试样并获取图像、显微镜下聚焦清晰图像、大规模图像的拼接合成、超大图像快速显示和孔隙特征参数提取等问题。

5.2.1　解决显微镜下试样表面的快速、自动扫描图像的问题

为了实现显微镜下覆盖试样表面的扫描问题，主要有两种方案：第一种方案是手工移动载物台，调整聚焦轴，采集图像。第二种方案是应用电动扫描台通过软件控制扫描台移动，并可通过扫描台的 z 轴电动控制实现自动聚焦。

比较两种方案，手工采集大量具有重叠区域的图像，工作量过大，出错概率高，对于动辄上千幅图像的采集，并且保证具有重叠区域，几乎是不可能完成的任务。驱动电动扫描台移动试样，可以保证采集位置的准确性，扫描精度可达 1μm，保证图像间的重叠区

域。在此基础上，可实现自动聚焦，大大减少使用者的工作量，提高工作效率。

对于大规模岩石薄片样品进行超高分辨率全尺寸图像拼接，不能人工移动载物台进行扫描，只能选择自动扫描台来实现试样的移动。自动扫描台一般由单片机、*xyz* 三个方向的步行电机、驱动电缆和连接计算机的通讯电缆构成。显微图像拼接系统的构成分为硬件部分和软件部分，硬件部分由显微镜、摄像机、自动扫描台、计算机等构成。

显微图像拼接系统的工作原理是根据设定的扫描范围计算出每幅图像的扫描位置和聚焦平面，然后由软件控制电动扫描台移动至对应位置，自动扫描台到位后，软件控制摄像机采集图像。所有图像采集完毕后，由自动拼接软件拼合成超高分辨率的图像进行显示。

显微图像拼接系统基于电动扫描台、CCD 数字摄像机等硬件实现图像的扫描和采集，软件进行拼接和显示的策略。采用硬件和软件分离的设计模式，实现硬件设备和业务逻辑分块模式，这种模式的优势是业务逻辑的变化不会影响硬件设备；同样硬件设备的变化也不会影响业务逻辑。

5.2.2　解决显微镜下图像的多点聚焦问题

由于显微镜物镜焦深有限，随着放大倍数的增大景深会相应减小。只有那些在聚焦平面或其附近的结构才是可见的，远离焦平面的结构是不可见的，这使得即便是结构最简单的、经过精细制样的试样也不可能保证试样的每个位置在显微镜下完全聚焦清晰。当扫描台移动采集图像时，为了实现每个扫描位置的聚焦清晰，主要有三种解决方案：第一种是手动调节显微镜聚焦旋钮；第二种方案是自动聚焦；第三种是多层叠合技术。

采用手动调节聚焦旋钮方案，优点是基本能保证聚焦清晰，缺点是完全手工控制，对于大量图像的采集，操作过于麻烦，无法实现大批量采集。

自动聚焦技术的基本思想是通过控制显微镜调焦采集一系列图像，对每幅图像的清晰度评判，找到最清晰的成像位置采集图像。该方法结合扫描台 *z* 轴控制调焦旋钮，能够自动控制聚焦，可以不设置任何参数就能实现自动聚焦并采集图像。缺点是搜索焦距需要耗费大量时间，导致扫描效率低。

显微图像多层叠合技术的基本思想是获取目标位置的序列图像，每幅图像中有聚焦清晰的区域和模糊的区域；然后在序列图像中通过清晰度评价获取每一像素位置所对应的聚焦清晰部分，提取系列图像清晰的部分构建整幅清晰的图像。该方法结合扫描台 *z* 轴控制调焦旋钮，选择合适算法，能构建整幅完全清晰的图像。缺点是程序需要知道该位置的比较精确的位置，因此扫描前需要人工设置一些参考点，而且获取的序列图像中如果某个对应区域没有找到清晰位置，就不能保证构建图像的清晰度。

5.2.3　解决多幅图像的拼接问题

图像拼接作为这些年来图像研究方面的重点之一，国内外研究人员也提出了很多拼接算法。图像拼接的质量，主要依赖图像的配准程度，因此图像的配准是拼接算法的核心和关键。

批量采集图像的最终目的是进行拼接。首先介绍几种常用的图像配准算法，即基于灰度相关的配准算法、基于特征相关的配准算法、基于频域的相关算法等。比较各种算法的优缺点，决定采用基于 FFT 的配准算法实现拼接，针对 FFT 的配准算法提出更具针对性、更为优化的算法和实现过程。

在图像处理中，快速傅里叶变换（FFT）的频域反映了图像在空域灰度变化剧烈程度，图像的梯度大小。图像的边缘部分反应在频域上是高频分量，同时图像的噪声大部分情况下是高频部分，而这些高频分量是导致配准失败的主要来源。

从一维情况开始分析，对无限连续的一维信号做FFT，可以得到真实频谱。而有限离散的一维信号，用离散傅里叶变换（DFT）代替FFT，DFT要对信号做周期延拓，如果两端的信号值相差不大，频谱中就不会增加高频分量。相反，如果两端信号值差异较大，频谱中就会增加高频分量。对图像（二维信号）也是一样，如果对应边缘的灰度值相差不大，频谱中不会增加高频分量，相反，会引起多余的高频分量。更直观地，对一幅图像，将它上半部分和下半部分对换，它们的频谱不会发生改变。所以，边缘上大的灰度差异会带来多余的高频分量。采用边缘模糊策略就是将边缘灰度差异降低，避免多余高频分量的出现。

对于那些分辨率低，又有噪声影响的图像，频谱以低频为主，这些高频分量对配准结果起主要作用，导致配准失败。在此采用低通滤波策略实现边缘模糊，提高配准精度。

5.2.4 解决超高分辨率图像的快速显示问题

最终拼合而成的超大图像，其分辨率达到几十亿像素，通用的常用图像软件是无法读取的。必须设计一种特有的文件结构存储，才能达到任意分辨率下的读取和快速显示。为了提高图像的实时缩放显示速度，快速获取不同分辨率的图像信息，依靠原始图像的缩放是不可能达到实时显示的。因此考虑采用根据不同的缩放比率调用不同分辨率的图像，就能够快速显示。

在此采用分层策略来实现不同分辨率图像的构建，借用图像处理常用的金字塔思想。即不同分辨率的图像按层存放，其结构就像一个图像数据金字塔，在金字塔的底端是原始图像数据，在金字塔的第二层是对原始数据进行某种比例的抽样后的数据，越往金字塔的顶端，其抽样率就越高，同时其分辨率也跟着降低。从而形成一系列不同分辨率的图像层数据。在对图像数据浏览时，就可以根据当前显示的分辨率取相应金字塔层的数据，以实现图像数据的快速浏览。

对金字塔结构的创建可以采用以2为因子的金字塔结构。从最底层开始，在每层的基础上生成上一层金字塔图像。上一层的图像大小为底层的1/4，同时按其位置的对应关系对底层进行重采样得到图像的灰度，依此重复构造，直至最顶层。在不考虑压缩的情况下，建立金字塔结构后的图像数据将近增加1/3。

进行金字塔分层过程中，需要对图像进行压缩，即图像重采样过程。压缩图像有很多方法，用得比较多的有最邻近插值法、取平均值法和双线性插值算法或双三次卷积的方法。对于灰度图像，一般采用取平均值法和线性内插法。最邻近元法速度最快，但容易破坏图像的边缘。

5.3 铸体薄片系统设计

5.3.1 需求分析

（1）确保扫描覆盖显微镜下的整个试样表面。

在显微图像处理和分析的应用中，高放大倍数物镜的分辨率较高，但视场范围较小，通常需要采集大量图像以覆盖整个试样表面。大规模显微图像的拼接有两个主要特点：①图像数量大，如果覆盖一个试样表面，图像数量可达上万幅；②采集过程中既要保证相邻图像有适当的重合区域，但为了尽可能地减少采集的图像数量，也要保证重合区域较小。

（2）批量化采集图像，扫描过程中保证获取的图像聚焦清晰。

在显微镜光学系统中，镜头对物体成像有一个最佳成像位置，这个位置称为聚焦平面，偏离了聚焦平面将导致所成图像模糊，图像质量下降。而在高放大倍数物镜下，由于试样表面不够平整，扫描过程中，每幅图像的聚焦平面可能并不在同一位置，因此为了实现自动采集并保证图像质量，需要系统自动调整聚焦平面。

（3）拼接并保存超高分辨率图像，拼接算法要求快速、准确。

图像拼接技术的核心是图像配准技术，其努力的焦点主要集中在力图使图像拼接的精度更高，速度更快，兼容性更广，但目前还没有通用的拼接算法可同时满足精度和速度的要求。在此背景下，选择合适的算法能够快速准确地获得高分辨率图像。

（4）超高分辨率图像快速平滑显示。

假设铸片薄片尺寸为 25mm 半径的圆，以 200 倍镜下进行图像采集。那么，航向或者旁向需要采集的像素总数为：$300×0.025×200×39.37=59055$（Pixel）。500 万像素照相系统成像像素为：22362，实际成像长宽比为 16：9 或者 4：3，在此简化计算。航向和旁向的重叠度也简化计算，均确定为 50%。由此可计算出拍照总数量为：$(59055÷2236×2)^2=2809$（张）。拼接后的图像像素总数为：$59055^2≈35$ 亿。依照目前的硬件水平，几乎无法一次将数据装入内存进行显示或处理，即使能够一次性读取，其硬件的价格也是普通用户无法承受的。因此要求系统能够解决超大图像文件的存储和快速显示。

（5）通过质量管理，确保生产出的图像数据一致性高且符合要求。

建立图像采集、分析处理、拼接融合、金字塔式构建等全过程生产质量管控。标准化铸体薄片图像生产流程，包括：①采集前确定显微放大倍数、照相分辨率、重叠区域大小、扫描位置和区域、聚焦方式、图像存储路径、文件名、图像格式等；②采焦过程中通过交叉检查确保无疏漏；③采集完成后专人负责存档、检查清晰度、核准扫描范围并标记；④由于拼接工作需要逐级细分进行，因此专人负责图像分配管理工作，同时也负责子域图像收集整理工作；⑤拼接切片后的图像数据量大，需安排专人负责转储、备份工作，确保成果的数据安全。以上环节中若发现问题，及时联系负责人审核处置，需要返工的重新安排生产。

5.3.2　体系结构设计

显微图像拼接系统的构成分为硬件部分和软件部分，硬件部分由显微镜、摄像机、电动扫描台、计算机等构成。

显微图像拼接系统的工作原理是根据设定的扫描范围计算出每幅图像的扫描位置和聚焦平面，然后由软件控制电动扫描台移动至对应位置，电动扫描台到位后，软件控制摄像机采集图像。所有图像采集完毕后，由自动拼接软件拼合成超高分辨率的图像进行显示。工作原理如图 5.1 所示。

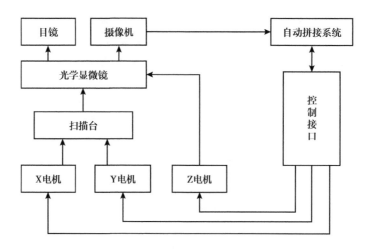

图 5.1　显微图像拼接系统原理图

显微图像拼接系统基于电动扫描台、CCD 数字摄像机等硬件实现图像的扫描和采集，软件进行拼接和显示的策略。采用硬件和软件分离的设计模式，实现硬件设备和业务逻辑分块模式，这种模式的优势是业务逻辑的变化不会影响硬件设备；同样硬件设备的变化也不会影响业务逻辑。

5.3.3　功能结构设计

显微图像拼接系统的关键应用就是实现图像数据方便快捷采集和实时高效地实现图像拼接。系统采用多层图像叠加、快速傅里叶变换等技术，设计扫描图像和图像拼接这两个核心功能，提供清晰的图像采集功能和高效准确的图像拼接功能。显微图像拼接系统在逻辑上主要分为三个功能模块，如图 5.2 所示。

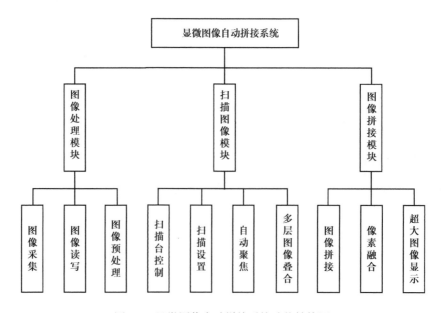

图 5.2　显微图像自动拼接系统功能结构图

（1）图像处理模块。

与图像相关的模块功能我们统称图像处理模块，它主要包含图像采集、图像读写、图像预处理功能。

图像采集：图像采集功能是采集设备和软件之间的接口，实现软件对多种摄像机的支持。

图像读写：图像读写能够实现对多格式图像调入和保存功能。

图像预处理：包含图像的几何变换、灰度变换、各种滤波功能等。在某些情况下，需要对图像进行预处理，以获得最佳的拼接效果。

（2）扫描图像模块。

该模块的主要功能是实现对试样的大幅面扫描移动，并能够通过控制显微镜聚焦采用相应的算法批量获取清晰的图像。包括三个功能：扫描台控制、扫描设置、多次聚焦。

扫描台控制：通过自动扫描台与软件之间的接口，来实现软件与扫描硬件设备的分离，软件通过接口实现 *X/Y* 两个方向的移动控制。

扫描设置：用户可通过扫描设置功能设置扫描路径、选择聚焦方式等。

多次聚焦：通过图像清晰度评价函数来判断图像是否聚焦，搜索最佳的聚焦位置，显微镜在聚焦位置才能采集最清晰的图像。

（3）图像拼接模块。

图像拼接模块是该系统的核心功能，实现批量图像的二维拼接，对图像间的接缝进行像素融合，保证拼接图像之间平滑过渡；并提供超高分辨率图像的存储、读取、快速显示功能。

图像拼接：迭代调用图像配准函数寻找二幅重叠图像间的匹配位置点。

像素融合：在完成图像匹配以后，对图像进行缝合，并对接缝进行平滑处理，让图像间自然过渡。

超大图像显示：提供超高分辨率图像的存储、读取、快速显示功能。

5.4　多次对焦技术

在显微图像拼接系统中，获取清晰的图像是实现准确拼接的前提。而显微镜由于景深有限，很难保证采集的每幅图像都在同一聚焦平面上，扫描过程中，为了实现图像的批量采集，采集过程中必须能够寻找每幅图像的最佳成像位置，以保证图像的清晰度。

5.4.1　显微镜聚焦原理

显微镜装有两组放大透镜，靠近物体的一组透镜称为物镜，靠近观察的一组透镜称为目镜。显微镜成像原理图如图 5.3 所示。

物体 AB 置于物镜的一倍焦距（f_1）之外，但小于两倍焦距之内，它的一次像在物镜的另一侧两倍焦距之外，形成一个倒立、放大的实像 A′B′；当 A′B′ 位于物镜的前一倍焦距以外时，目镜又使映像 A′B′ 放大，而在目镜的前两倍焦距之外，A′B′ 的正立虚像

A″ B″，人眼通过显微镜所观察到的就是一个被放大了的虚像。A″ B″ 放大倍数为物镜放大倍数与目镜放大倍数之积。

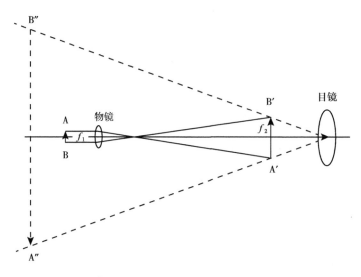

图 5.3 显微镜成像原理图

当光轴平行的光线射入凸透镜时，理想的镜头应该是所有的光线聚集在一点后，再以锥状扩散开来，这个聚集所有光线的点，就叫作焦点。在焦点前后，光线开始聚集和扩散，点的影像变成模糊的，形成一个扩大的圆，这个圆就叫作弥散圆。如果弥散圆的直径小于人眼的鉴别能力，在一定范围内实际影像产生的模糊是不能辨认的。这个不能辨认的弥散圆就称为允许弥散圆印。在焦点的前、后各有一个允许弥散圆。从焦点到近处允许弥散圆的距离叫前景深，从焦点到远处允许弥散圆的距离叫后景深，允许弥散圆和景深示意图如图 5.4 所示。

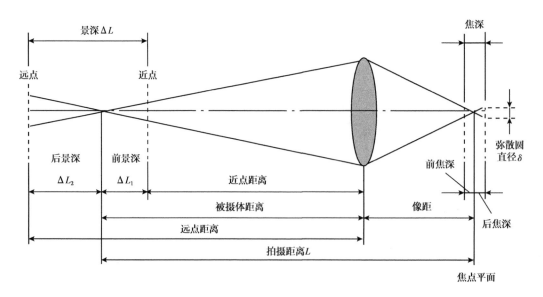

图 5.4 允许弥散圆和景深示意图

显微镜聚焦就是使目标物体位于物镜的焦点上，此时观察的影像是最清晰的。这个位置又称为聚焦平面。但是在景深范围内，人眼观察的影像由于无法分辨影像产生的模糊，也可认为此时聚焦是清晰的。由此可知，允许弥散圆越小，景深越大，更容易聚焦清晰。光圈越小，景深越大。在显微镜下，物镜的分辨率与景深成反比关系，物镜倍数越大，分辨率越高，景深越小。因此显微镜下聚焦比起普通摄影聚焦更加麻烦。光圈和景深关系图如图 5.5 所示。

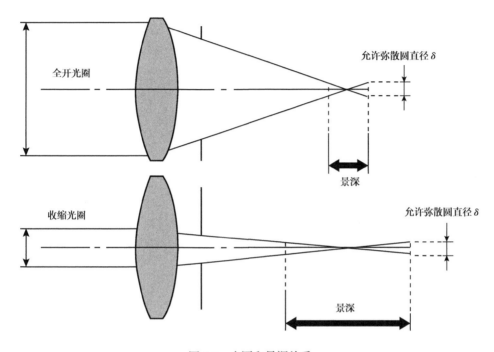

图 5.5　光圈和景深关系

5.4.2　清晰度评价方法

　　实现显微镜自动聚焦也就是自动找到物镜聚焦平面的过程。目前自动聚焦主要有两种方法实现。一种采用硬件设备测距，例如激光测距仪，但其价格昂贵。另一种主要采用聚焦深度法进行对焦，即利用改变调焦旋钮不断获取不同平面下的图像，同时从这一系列图像从中找出最清晰的一幅，最清晰的图像的拍摄位置可认为是显微镜的聚焦平面。

　　一般用来判断图像清晰度的函数可分为三类：

　　第一类是基于图像统计的方法如灰度熵法、灰度方差法和直方图法等。第二类是基于图像边缘检测的方法如 Lapalacian 和 Sobel 算子法等。第三类是基于变换域的方法如傅里叶变换离散余弦变换和小波变换。

　　（1）灰度差分法。

　　灰度差分法主要利用水平和垂直相邻像素间灰度的差值平方作为计算方法。此种方法具有计算量小，速度快的优点，但对于亮度变化敏感。

　　（2）灰度方差法。

　　方差函数是一个比较流行的清晰度的评价函数，因为清晰聚焦的图像应比模糊的图像有更大的灰级差异，所以方差函数可以作为一个评价标准。

（3）灰度消法。

嫡函数是基于这样一个前提：对焦良好的图像的嫡大于没有对焦清晰的图像。因此可以作为一种评价标准。

（4）边缘检测法。

利用边缘点处灰度阶跃变化的程度来评价图像的清晰度具有直观性，不用再去考虑成像系统的特性，也不受灰度级数多少的限制。

实现边缘检测，有很多算子，如 Lapalacian、Sobel、Roberts、Previtt 和 Kristch 等边缘检测算子。物体的边缘是由灰度的不连续性所致，因此考察图像每个像素在某个邻域内灰度的变化程度，可以利用边缘邻近一阶或二阶方向导数来表征。

5.4.3　评价函数峰值搜索策略

比较典型的评价函数峰值搜索方法就是爬山法。理想的对焦评价函数曲线表现为抛物线形状，达到峰值时对应最佳成像位置，当离开最佳点时函数单调递减。爬山法即根据这一原理提出，其典型的搜索步骤如图 5.6 所示。其搜索原理是采用逐步逼近的自动调焦方式。

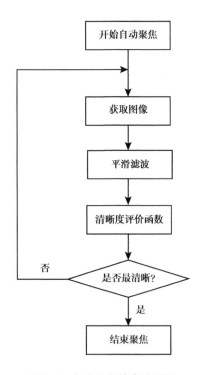

图 5.6　自动聚焦搜索流程图

5.4.4　快速多点对焦优化

快速自动聚焦具体的实现流程如下：

（1）在采集前，设置 N 点聚焦参考点，最好 N 点均匀分布。

（2）将每点聚焦清楚，获取该点的聚焦位置。

（3）由 N 点拟合成空间曲面。

（4）每个扫描位置的聚焦起始点可由空间曲面计算得出。

（5）从扫描位置的聚焦起始点开始，初始步距设为当前物镜的景深 ΔZ，应用爬山搜索法，获得该位置的最佳清晰度图像。

由于试样的微观表面并不平整，对研究爬山法搜索的起始位置和初始步距进行了深入的研究。在采集过程中考虑从聚焦面附近开始搜索，而不是盲目的进行方向搜索，这样会大大提高聚焦速度，从而获取清晰的图像。我们对该算法进行验证，比盲目搜索方式聚焦速度更快，而且大大提高搜索的准确率。

5.5　铸体薄片图像采集

自动拼接主要有三个要求：（1）扫描应该覆盖整个试样表面，不能有空白区。（2）批量采集图像，并且保证相邻图像间要有重合区域。（3）每幅图像应该保证清晰。该系统将基于这三个要求实现扫描采集流程，扫描过程实际上就是将图像的像素平移转换为扫描步长。

5.5.1　扫描步长计算

为了实现多幅图像拼接，相邻的图像必须有重合区域，也就是要扫描台从一个位置到相邻位置的移动有重合区域。众所周知，图像在计算机中是以像素来表达的，而扫描台的移动是以实际位移（通常以 μm 为单位）来移动的。控制扫描台移动时，需要将图像位移转化为扫描位移（扫描步长）。因此，应该建立像素与物理长度之间的换算关系，在该系统称为标尺。建立换算关系的过程称为标定标尺。

标定标尺的思想是将显微镜专用的刻度尺置于扫描台上，在某个倍数下，采集刻度尺的图像，利用图像就可计算出两者之间的换算关系。三维扫描示意图如图 5.7 所示，获取 A、B 两点的像素坐标，就可计算出两者之间的像素距离 N。已知刻度尺每刻度代表 10μm，则 AB 间的实际距离为 700μm，那么该倍数下的标尺就是 1（Pixel）=700/N（μm）。

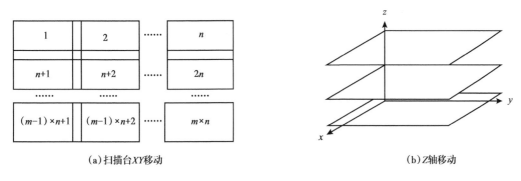

（a）扫描台XY移动　　　　　　　　　（b）Z轴移动

图 5.7　三维扫描示意图

显微镜有不同的放大倍数，常见的放大倍数有 50 倍、100 倍、200 倍、500 倍、1000 倍。理论上，只需标定一个倍数的标尺，其他倍数的标尺可根据倍数关系换算得出。实际上，显微镜在不同倍数下会有误差。在每个倍数下都需要标定标尺，从而精确计算出不同倍数下像素与微米间的换算关系。

假设摄像机采集的图像宽高为 $M×N$，该倍数下的标尺为 f，则扫描台移动一幅图像的扫描步长 (x, y) 为：$x = M×f$；$y = N×f$。

5.5.2　采集前配置

实现自动扫描试样并采集有重叠区域的图像之前，需要明确以下主要参数：

（1）放大倍数。

在采集前，软件需要知道当前显微镜的放大倍数，放大倍数对应标尺，而标尺是像素与微米间的换算关系。只有获得标尺参数，才能将图像间的重合区域转换为扫描移动的距离。

（2）摄像机分辨率。

摄像机分辨率是采集图像的宽高。通常摄像机有多种分辨率可供选择，采集之前，需要选择分辨率。显然，分辨率越高，采集速度越慢，拼接所需时间越长。

（3）重叠区大小。

要实现拼接，图像间必须要有重叠区，通常重叠区设为图像大小的 20% 左右。有了重叠区参数，就可计算出图像间的偏移，图像间的偏移乘以标尺就是扫描台的位移，即扫描步长。

（4）扫描位置和区域。

操作者必须移动扫描台告知软件扫描区域，通常扫描区域为矩形，软件可根据扫描区域大小和扫描步长计算出水平和垂直方向的图像数。

（5）聚焦方式。

本系统主要提供两种方式获取清晰图像：①自动聚焦；②多层图像叠合。它决定扫描移动到每个扫描位置如何聚焦。如果选择多层图像叠合模式，还要输入每个扫描位置采集 z 向图像的数目（number）和间距比（Δz）。

（6）图像存储路径、文件名和格式。

这些参数用来设置图像的保存位置和保存格式。

5.5.3　采集流程

显微图像的扫描采用三维扫描方式。显微镜固定在载物平台的上方，显微镜的光轴与拍摄物体表面垂直，扫描台在二维平面内移动带动试样移动。设采集的图像数量为 $m×n$ 幅，其中竖直方向为 m 行，水平方向为 n 列。

在扫描过程中，xy 方向的扫描如图 5.7（a）所示。扫描台首先以 x 向扫描步长移动，从左到右移动采集 n 幅图像 I_1，I_2，$\cdots$，I_n，然后平台返回起始点，向下移动 y 向扫描步长，按照相同的方式，从左到右采集第二行图像 I_{n+1}，I_{n+2}，$\cdots$，I_{2n}，每幅图像不仅和同行相邻的图像重叠，左右相邻、上下相邻的图像都有重叠，以保证拼接过程中信息不丢失。重复这个采集过程，直到所有的图像采集完毕。

*Z*轴的移动如图 5.7（b）所示，程序判断用户设定的聚焦方式，如果是自动聚焦，则扫描台 *Z* 轴移动并搜索最佳聚焦平面，采集图像最清晰的图像保存到指定目录下；如果是多层图像叠加方式，则 *Z* 轴移动采集 *N* 幅图像，利用多层叠加算法构建一幅图像保存到指定目录下。扫描详细流程如图 5.8 所示。

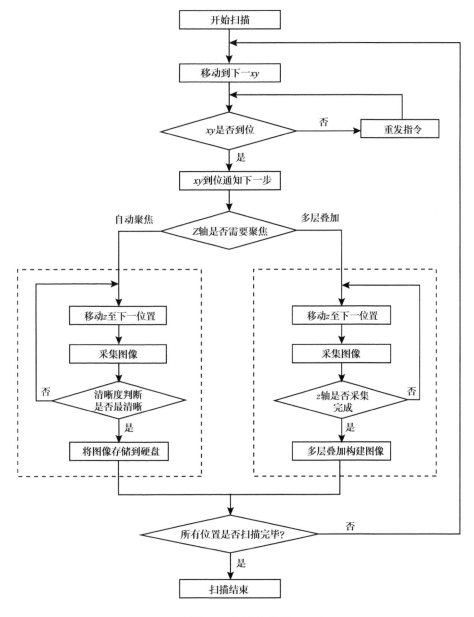

图 5.8　扫描流程图

扫描具体流程为：

（1）开始扫描后，设置扫描范围，由扫描范围计算每幅图像的 *x*, *y*, *z* 位置。

（2）驱动扫描台移动至图像采集位置；判断扫描台是否到位，如没有到位，则重发指令。

（3）判断 z 轴聚焦策略，如用户设定自动聚焦，则转向（5）；如设定多层叠加方式，则转向（4）。

（4）开始当前位置的多层叠加采集，移动 z 轴电机至 z 位置，由上到下移动 Δz，采集一幅图像，直至满足用户设定的图像数，该位置多幅图像采集完毕，程序转向（6）。

（5）开始当前位置的自动聚焦，移动 z 轴电机至 z 位置，采集一幅图像，移动到下一位置，再次采集，利用清晰度函数判断两者的清晰度值，利用爬山搜索法调整步长继续搜索，直至寻找到最佳位置，存储图像，程序转向（6）。

（6）移动到下一位置，程序转向（2）。

5.5.4 图像采集依据

为了能够从宏观到微观角度，对铸体薄片进行多尺度综合研究，采集超大视域薄片图像成为该研究的先决条件。

先从数值角度来分析采集工作所面临的问题。由于不同型号的显微镜视野数不等，照相像素高低差异。因此，以印刷最低分辨率（300dpi）和显示最低分辨率（96dpi），以及常见的 500 万像素照相系统进行反算。

假设，铸片薄片尺寸为 25mm 半径的圆，以 200 倍镜下进行图像采集。那么，xy 方向需要采集的像素总数为：300×0.025×200×39.37=59055（Pixel），其中，1m=39.37in。500万像素照相系统成像像素为：2236^2，实际成像长宽比为 16:9 或者 4:3，在此简化计算。XY 方向的重叠度确定为 52%。由此可计算出拍照总数量为：（59055÷2236×2）^{2}=2809（张）。拼接后的图像像素总数为：59055^2≈35 亿。图像大小为：59055^2×3÷1024^3≈9.4GB，其中彩色图像每个像素大小为：3Byte，1GB=1024^3Byte。显微镜采集的单张图像尺寸为：2236÷300×25.4×1000÷200=946.5μm，其中，1in=25.4mm，1mm=1000μm。可分辨的最小孔径为：1÷96×25.4×1000÷200=1.3μm。属性及相关参数见表 5.1。

表 5.1　属性参数表

序号	属性	参数
1	铸体薄片半径 /mm	25
2	放大倍数	200
3	成像系统像素数 /10^4	500
4	xy 方向重叠度 /%	52
5	采集图像总数量	2809
6	拼接后图像像素数 /10^8	35
7	拼接后图像大小 /GB	9.4
8	单张图像尺寸 /μm	946.5
9	可分辨最小孔径 /μm	1.3

如果对分辨率要求提高，以及采用更高像素的照相设备，那么上述表格中的部分参数将翻倍。从采集难度方面来看，将面临位移精度和准确度的问题。

薄片 X 轴位移量：$25 \div 53 = 0.47$（mm），不足 0.5mm 的移动通过人工控制，并且重复采集近 3000 张，这需要极大的耐心和精准性。因此工作过程中，很容易出现失之毫厘，差之千里的误差累计情况。

薄片在旁向移动时也要确保不能偏差。采集的同时，需要按一定规则命名图像文件名，并且移动薄片、采集图像、命名文件需要次第进行，中间不能出现一次错乱。若显微镜工作时间有限制，还需保证不同采集时间的光照程度要一致。

5.6　图像拼接和像素融合

岩心铸体薄片是重要的储层微观结构研究对象。其制作方法是从岩石标本的垂直层理方向上切取一小块岩片，粘在载玻片上磨制成几十微米厚的薄片，并向孔隙中灌注带颜色的硅胶（称为铸体），通过显微镜进行观察鉴定，得到孔隙度和颗粒的大小、等级分布、几何形态、平均孔喉比等大量直观数据，从而确定岩石的类型和结构参数。

在岩石铸体薄片成像过程中，视域与分辨率是一个悖论：在高倍显微镜下，能够以较高的分辨率观察岩石的细节特征。但其较小的视域无法表征岩石整体特征，这样会忽略目标岩石的非均质性；而在低倍显微镜下，虽然能够较好地表征岩石整体特征，但是却难以满足对岩石细微特征的表征需要。尤其对于致密砂岩储层，微孔隙与微喉道对于岩石物性具有重要意义，因此高分辨率图像仍然对岩石表征有着重要的意义。为了跨越视域与分辨率之间的鸿沟，本书以图像拼接技术为基础构建了一种岩心薄片多尺度综合表征方法，将图像数据量的增加作为代价，解决视域与分辨率之间的矛盾。

应用图像拼接技术，将存在重合区域的多幅图像进行无缝拼接，可以重建一幅较大视域的高分辨率大幅面图像。该技术能够在一定程度上将多尺度的岩心薄片图像结合起来，使得一张图像既能满足高分辨率的岩石微观信息表征，也能满足具有强非均质性特点的岩石对于大视域的要求，真正意义上将多尺度岩石特征结合起来。

图像自动拼接与分割系统由图像自动拼接与分割系统软件和拼接与分析图像工作站硬件组成。

图像自动拼接与分割系统软件是拼接系统与采集系统无缝集成，是将全幅面岩石薄片自动采集设备采集的薄片照片图像自动合并成一幅大视域的无缝高分辨率图像。采用多层级细节技术，将拼接的图像划分成多个层级，构建影像金字塔，便于在线应用。

批量采集图像的最终目的是进行拼接。现介绍几种常用的图像配准算法，即基于灰度相关的配准算法、基于特征相关的配准算法、基于频域的相关算法。比较各种算法的优缺点，RSIT 采用基于 FFT 的配准算法实现拼接。针对 FFT 的配准算法提出更具针对性、更为优化的算法和实现过程。下面阐述像素融合的原理和实现过程。

5.6.1　图像配准技术

图像拼接就是将多幅相互间存在重叠部分的图像序列进行空间匹配对准，经重采样后形成一幅包含各图像序列信息的完整的、高清晰的新图像。图像拼接过程大致分为以下三步：图像预处理；图像配准；图像融合。其中图像配准是图像拼接的核心工作，目的是找出两幅或多幅重叠图像之间的重叠位置。

根据图像匹配方法的不同，我们可以将图像拼接算法分为以下三个类型：基于灰度相关的配准算法；基于特征的配准算法；基于频域相关的配准算法。

（1）基于灰度相关的配准算法。

基于灰度相关算法的图像配准，又称模板匹配法，作为一种早期的经典算法，被应用于许多领域之中。

假设两幅具有一定重叠区域的图像分别为 I_1 和 I_2，基于灰度相关算法原理图如图 5.9 所示。

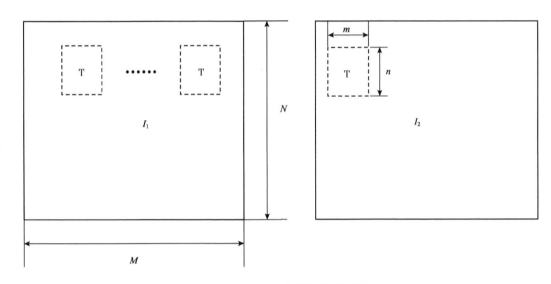

图 5.9　基于灰度相关算法原理图

基于灰度相关算法的基本思路是：在重叠区域中任意选取一个矩形区域 $T(m \times n)$ 作为匹配模板，然后使之在 I_2 中在垂直与平行两个方向上平移，直到搜索到一个最相似的区域即为两幅图像的最佳配准点。

基于灰度相关的配准算法的优点是：

①该算法思路简单，容易理解，易于编程实现。

②只要模板足够大，包含的信息相对就越多，对于只存在平移变换的图像，配准精度较高；由于对图像进行了全面扫描，减少了遗漏率，提高匹配的可信度。

这些优点也伴随着不可避免的缺点：

①由于需要对图像进行全面的扫描，如果模板较大，则计算量必然十分庞大，大量的计算量又会降低图像的配准精度。

②此算法对光照不均条件下的图像要求苛刻，需要对每个配准图对进行相关性计算，影响运行速度；如果缩小模板以减小容易造成误匹配，因此对图像拍摄条件苛刻。

为了克服上述算法存在的缺点，减小运算量，研究人员针对各种应用环境提出许多更有效的灰度匹配算法。其中影响较大、应用较广的分层搜索匹配（金字塔搜索）算法。这类方法仅仅是基于模板的匹配方法，通过降低搜索次数，提高配准算法的运算速度。但匹配精度并没有质的提高，依然受光照条件的影响较大。

（2）基于特征相关的配准算法。

与基于灰度相关的图像拼接技术不同，基于特征的图像拼接是利用图像的明显的特征来估计图像之间的变换，而不是利用图像全部的信息。通过图像分割从两幅图像中提取灰度变化明显的点、线、区域等特征形成特征集，然后在两幅图像对应的特征集中利用特征匹配算法尽可能地将存在对应关系的特征对选择出来，然后以图像特征为标准，对图像重叠部分的对应特征区域进行搜索匹配。

基于特征的配准算法主要思路如下：

①首先由角点检测算子得到待匹配的特征点、特征线、特征区域。

②随后采用局部灰度相关算法进行粗匹配得到多对多配对集。

③然后对配对集进行提纯，获取精配对集。

④最后利用角点间距离比进行全局一致性检测，保证匹配精度。

（3）基于频域相关的配准算法。

基于频域相关的主要算法包括傅里叶变换、Gabor 变换和小波变换。目前研究最多的频域相关算法就是基于傅里叶变换的相关相位法。

基于傅里叶变换的配准方法是利用了图像在频域上的一些重要性质：平移、旋转、缩放不变性，也就是说图像之间在空域上的平移、旋转、缩放都可以在频域上找到一一的对应。同时傅里叶变换对于频率相关的噪声表现出了良好的鲁棒性。因此相位相关的方法是实现图像配准的一种比较有效的算法。

基于傅里叶变换的配准算法特别适合于存在着低频噪声的图像，例如在不同照明条件下的图像，对图像亮度变化不敏感，匹配精度比较高。但是需要注意的是，基于傅里叶变换的配准要求的重叠区较大，大约要 50%，重叠面积的降低会难以保证匹配的精度，造成误匹配。虽然该算法可以处理存在平移、旋转和比例缩放等畸变的图像配准问题，但本系统采集的图像基本不存在旋转和缩放的问题，在此不讨论存在旋转和缩放情况下的拼接。

5.6.2　改进的 FFT 配准算法

基于相位相关的拼接就是根据图像平移不变性，利用傅里叶变换把图像转换成频域，然后求取图像间归一化的相位相关的最大值，它所在的坐标位置就是图像之间的平移大小。这种算法具有匹配精度较高，对亮度变化不敏感等优点，但是它也存在适应性的问题。我们首先对相位相关值进行分析。

基于相位相关算法的原理就是搜索互功率谱（又称为相关峰值）的最大值，理论上在配准的平移位置相关值最大可达到 1，其他位置几乎都为 0，理想的峰值分布图如图 5.10（a）所示。在实际应用中，由于两幅图像间只有部分重叠及其他噪声和误差，一般进行傅里叶逆变换后的相关值分布如图 5.11（b）所示，这时最大峰位置对应于两图像间的相对平移量。反之，如果两幅图像之间不满足平移变换关系，那么傅里叶逆变换后的函数没有明显的峰值，且呈现出不规则分布，不匹配的峰值分布如图 5.10（c）所示。

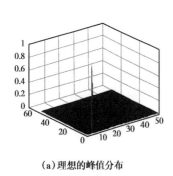 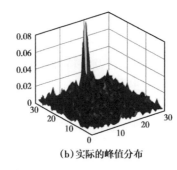 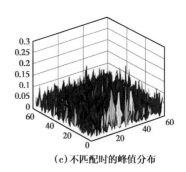

（a）理想的峰值分布　　　　　（b）实际的峰值分布　　　　　（c）不匹配时的峰值分布

图 5.10　相位相关峰值的典型分布图

5.6.3　图像接缝的融合处理

图像边缘融合首先应建立在图像间的精确匹配拼接的基础之上，由于图像重叠区域之间差异的存在，如果将图像像素简单叠加，拼接处就会出现明显的接缝，因此需要一种技术修正待拼接图像接缝附近的颜色值，使之平滑过渡。

（1）平均值法。

平均值法是一种最为基本的基于像素灰度值的接缝消除方法，其主要思想是在保持重叠区外像素的灰度值不变的情况下，使重叠区内的各像素取两幅图像中对应像素灰度值的平均。

平均值法原理简单，运算速度快，但对亮度差别较大的图像，会生成一个看似突兀的过渡带，其结果不过是将一条明显的接缝变为两条不太明显的接缝。然而，它虽然不是完美的解决方案，却提供了一种解决问题的思路，指引着研究者对此算法进行了针对性的改进以弥补现有的不足，使图像间的接缝问题得到了有效的解决，即下面要介绍的加权平滑法。至今为止，它依然是图像拼接领域中被广泛采用的经典融合算法之一。

（2）加权平滑法。

为了避免平均值法所产生的依然较为明显的带状过渡区，研究者引入了加权系数。将重叠区内的对应像素的灰度值按距离接缝的远近乘以的不同的权值系数再相加得到拼接后过渡区内该像素最终的灰度值，称为加权平滑法，又叫渐进渐出法。这种方法实现了图像色彩的逐渐过渡，消除了明显的边界感。实验表明，经过加权平滑法处理后的拼接图像可以消除图像的接缝问题，且效果令人满意。

5.7　超大图像快速显示

显微图像拼接系统最终的结果是输出一幅完整的图像。对于小范围的扫描，拼接生成标准文件格式存储的图像就可以了。但是对于大范围的扫描拼接而成的超大图像，存在着拼接合成的图像超大，无法快速浏览显示的问题。

5.7.1　图像分块存取

对于超大图像数据处理来说，最大的问题是图像数据总是会比计算机的内存大，也就是说图像数据不可能都放在内存中进行处理。在这种情况下，数据显然只能放到硬盘上。如何组织硬盘中的数据就成为一个非常关键的问题。

既然不能将图像数据全部读入到内存中，我们自然而然会想到将图像数据分块处理。比较而言，分块处理有以下几点优势：

（1）分块读取能突破操作系统分配内存的限制。

对于 Windows 32 位操作系统，在通常情况下操作系统会分配 2GB 内存给进程使用。而分块技术使得不管多大数据，每次处理时仅仅读取其中的一部分到程序中进行处理，这样就可以不受操作系统地址空间的限制。

（2）分块技术能快速定位数据，避免频繁的硬盘 I/O 操作。

相对于 CPU 的速度来说，硬盘 I/O 的速度非常慢。分块之后的数据可以快速进行定位，避免直接对存放在硬盘上的数据进行频繁的 I/O 操作，加快处理速度。

（3）分块数据能加快硬盘读取速度。

由于硬盘文件系统的管理基于扇区和簇，如果数据集中在相邻的扇区和簇时，硬盘磁头的调度速度会大大提高。

采用分块策略可实现数据块的快速读写，但是在高分辨率下的快速浏览仍然受到硬件的限制，为此我们考虑采用分层策略来解决不同分辨率下的显示。

5.7.2　图像块调度和快速显示机制

相对于内存数据传输速度，硬盘传输数据速度较慢，无论是图像显示浏览还是对图像进行各种处理，都要求能够获取更快的速度。特别是图像的实时显示。为了减少对硬盘的 I/O 操作，加快系统的处理速度。我们可以将当前需要显示的数据从硬盘传送到事先分配的内存中，每次我们只针对内存中的数据进行显示。图像高速缓存用来改善由于硬盘数据传输速度而造成的系统性能瓶颈。

根据系统内存的大小，对每层金字塔影像设置相应的高速缓存。高速缓存也按块分配，即将整个内存块分成大小相同的单元，每块的大小与文件块大小相同，这样，缓存数据更新时，每次读取分块后的影像文件中的一块。为了更好地进行数据的调度，系统采用建立内存块索引的方法进行数据的调度管理。在决定哪块数据需要更新时采用先进先出算法。

图像快速显示的实现是基于 Windows 的操作系统的位图之上的，在 Windows 操作系统中，图像的显示都必须通过位图来实现。在显示过程中，采用离屏位图技术。

（1）离屏位图技术。

该技术是采用双缓存来进行图像的显示。一个缓存用来准备待显示的内容，另一个缓存进行当前显示，这样将数据准备过程隐藏起来，避免数据更新过程的可见导致屏幕闪烁现象。

（2）数据的调度及更新。

显示数据都从图像文件的高速缓存中获得，以取得实时或准实时的显示效果。通过用户的操作触发数据的更新，如果高速缓存中没有需要的数据，根据用户选择的显示倍率再次触发高速缓存，从相应的金字塔图像数据文件中调用数据。图像浏览时，采用更新局部数据的方法加快浏览速度和平滑度。

5.8 孔隙特征参数提取

5.8.1 孔隙基本特征计算依据

对孔隙逐个进行特征测定，基本特征值包括孔隙面积、孔隙周边长、孔腔连通的喉道个数、喉道宽度等。孔隙结构特征计算包括以下公式：

（1）面孔率计算。

$$\phi = \frac{1}{n}\sum_{j=1}^{n}\left(\sum_{i=1}^{N}A_{\mathrm{p}ij} \Big/ A_{\mathrm{p}j}\right)\times 100\% \tag{5.1}$$

式中　ϕ——面孔率，%；

　　　$A_{\mathrm{p}ij}$——第 j 个视域中第 i 个孔隙的面积，μm^2；

　　　$A_{\mathrm{p}j}$——第 j 个视域的面积，μm^2；

　　　N——第 j 个视域的面积中的孔隙个数；

　　　n——视域个数。

（2）孔隙直径计算。

$$D_{\mathrm{p}} = 2\sqrt{A_{\mathrm{p}} / \pi} \tag{5.2}$$

式中　D_{p}——等效面积圆直径，μm；

　　　A_{p}——孔隙面积，μm^2。

（3）平均孔隙直径计算。

$$\overline{D_{\mathrm{p}}} = \sum_{i=1}^{N}D_{\mathrm{p}i}f_i / 100 \tag{5.3}$$

式中　$\overline{D_{\mathrm{p}}}$——平均孔隙直径，$\mu m$；

　　　$D_{\mathrm{p}i}$——第 i 个孔隙的直径，μm；

　　　f_i——面积频率，%；

　　　N——孔隙个数。

（4）视孔隙比表面计算。

$$S_{\mathrm{o}} = 4L_{\mathrm{p}} / \pi A_{\mathrm{p}} \tag{5.4}$$

式中　S_{o}——视孔隙比表面，μm^{-1}；

　　　A_{p}——孔隙面积，μm^2；

　　　L_{p}——孔隙周边长，μm。

（5）平均视孔隙比表面计算。

$$\overline{S_{\mathrm{o}}} = \sum_{i=1}^{N}S_{\mathrm{o}i} / N \tag{5.5}$$

式中 $\overline{S_o}$——平均视孔隙比表面，μm^{-1}；

    S_{oi}——第 i 个孔隙的视孔隙比表面，μm^{-1}；

    N——孔隙个数。

（6）孔隙形状因子计算。

$$F = 4\pi A_p / L_p^2 \tag{5.6}$$

式中 F——孔隙形状因子；

    A_p——孔隙面积，μm^2；

    L_p——孔隙周边长，μm。

（7）平均孔隙形状因子计算。

$$\overline{F} = 4\pi \sum_{i=1}^{N} F_i / N \tag{5.7}$$

式中 F_i——第 i 个孔隙的孔隙形状因子；

    N——孔隙个数。

（8）孔喉比计算。

$$R_{pt} = D_p / \left(\sum_{i=1}^{N} H_i / N \right) \tag{5.8}$$

式中 R_{pt}——孔喉比；

    D_p——孔隙直径，μm；

    H_i——与一个孔腔连通的第 i 个喉道的宽度，μm。

（9）平均孔喉比计算。

$$\overline{R_{pt}} = \sum_{i=1}^{N} R_{pti} / N \tag{5.9}$$

式中 $\overline{R_{pt}}$——平均孔喉比；

    R_{pti}——第 i 个孔隙的孔喉比。

（10）孔隙均质系数计算。

$$\alpha = \overline{D_p} / D_{p\max} \tag{5.10}$$

式中 α——均质系数；

    $\overline{D_p}$——平均孔隙直径，μm；

    $D_{p\max}$——最大孔隙直径，μm。

（11）孔隙直径分选系数计算。

$$S_p = \left[\sum_{i=1}^{N} \left(D_{pi} - \overline{D_p} \right)^2 f_i / 100 \right]^{1/2} \tag{5.11}$$

式中　S_p——孔隙直径分选系数；

　　　D_{pi}——第 i 个孔隙的直径，μm；

　　　f_i——面积频率，%。

（12）平均孔隙配位数计算。

$$\overline{CN} = \sum_{i=1}^{N} CN_i / N \qquad (5.12)$$

式中　$\overline{CN}$——平均孔隙配位数；

　　　CN_i——第 i 个孔隙的配位数；

　　　N——孔隙个数。

5.8.2　自动阈值分割

为了研究岩石薄片铸体图像的孔隙几何形态特征，需要首先对岩石图像进行阈值分割处理。而图像的阈值分割处理通常是在灰值图像中进行，因此基于岩石铸体图像的颜色空间变换处理，最终选取 YCbCr 颜色空间的 Cr 通道作为图像阈值分割基础。

为了方便图像阈值的自动计算，分别选取 RGB 颜色空间中的 R 通道与 YCbCr 颜色空间中的 Cr 通道，根据每个图像在这两个通道中图像矩阵的最小值、最大值、平均值、标准差和中间值共计 10 个特征参数，进行图像阈值的拟合研究。

为了充分寻找图像阈值与上述 10 个参数之间的函数关系，采用多元线性回归方法来拟合图像阈值与 10 个参数之间的映射关系，方法基于 MATLAB 中的 regress 函数实现。

同时，为了研究不同参数是否影响图像阈值的拟合公式精度，同时获取最优的多元线性回归公式，依次取 9 个参数、8 个参数……2 个参数进行公式拟合，与上述 10 个参数计算得到的结果进行对比，所得误差结果分别如图 5.11 和图 5.12 所示。根据图 5.11 和图 5.12 中分别给出的绝对误差和相对误差曲线图，可以得出使用 10 个参数时多元线性回归公式的拟合精度最佳，即相对误差为 3.23%，绝对误差为 5.23，这一拟合精度已满足图像分割阈值确定的要求。

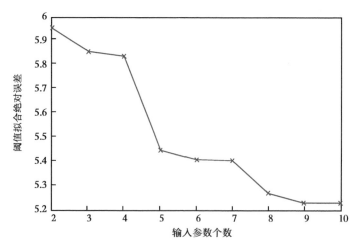

图 5.11　不同参数下所拟合阈值绝对误差

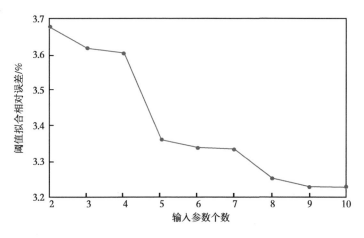

图 5.12 不同参数下所拟合阈值相对误差

5.8.3 基于孔隙几何特征的渗透率预测

岩石的渗透率预测是一个困难的问题，这是因为影响渗透率的因素较为复杂，而目前测量准确渗透率的方法只有通过实验分析。从机理角度来说，渗透率受孔隙度影响较大，因此也得到目前渗透率预测的常用方法，即利用孔隙度拟合渗透率的经验公式；孔喉分布的非均质性以及孔隙的形状等因素都会对渗透率造成影响。由于此类相关关系过于复杂，使得数学模型难以描述，这也是渗透率预测的主要困难。针对该问题提出利用岩心薄片中的孔隙几何特征等参数与孔隙度一起拟合渗透率预测公式，通过对区域数据样品的测试，该方法取得了较好的效果，证明该方法在一定程度上具有可靠性及可操作性。

通过对 715 组图像分别进行图像处理操作，并滤除掉较小的孔隙点，结合每幅图像的比例尺，分别提取每幅图像中孔隙个数，单个孔隙的孔隙面积，孔隙周长，孔隙直径及视孔隙比表面等若干参数信息。将这诸多孔隙几何特征参数与面孔率、孔隙度作为因变量对物性测试得到的渗透率进行最小二乘高次多项式拟合运算。

拟合结果如图 5.13 所示，可见该渗透率预测公式具有较高的准确性，拟合结果的 R

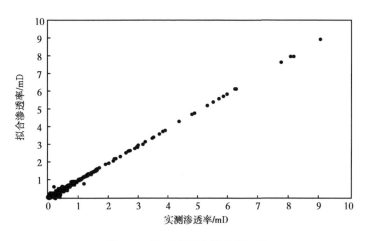

图 5.13 渗透率拟合结果交会图

方约为 0.99，可见拟合结果较好。此外计算得到的平均相对误差约为 15.2%，绝对误差约为 0.0362mD。其中相对误差较高的原因是部分原始渗透率较小的样品容易产生较高的相对误差。

参 考 文 献

[1] 渠文平. 基于数字图像处理技术的岩石细观量化试验研究 [D]. 河海大学，2006.

[2] 李兵，凌其聪，鲍征宇，等. 用数字化图像分析法确定岩石物性 [J]. 新疆石油地质，2008，29（2）：253.

[3] 赵攀，陈恳，汪一聪. 基于图像参数的 BP 网络之岩石颗粒体积估算 [J]. 计算机测量与控制，2009，17（3）：571-572，575.

[4] 张飞，周海东，姜军周. 岩石 CT 断层序列图像裂纹三维重建及其损伤特性的研究 [J]. 黄金，2010，31（7）：25-29.

[5] 叶润青，牛瑞卿，张良培，等. 基于图像分类的矿物含量测定及精度评价 [J]. 中国矿业大学学报，2011，40（5）：810-815，822.

[6] 张莹，陈普春，曹俊，等. 基于 K-means 岩石铸体图像分割及孔隙度的计算 [J]. 现代电子技术，2012，35（6）：141-143.

[7] 程国建，杨静，黄全舟，等. 基于概率神经网络的岩石薄片图像分类识别研究 [J]. 科学技术与工程，2013，13（31）：9231-9235.

[8] 殷娟娟. 基于 SIFT 特征的岩石图像拼接研究 [D]. 西安石油大学，2015.

[9] 程国建，刘丽婷. 深度学习算法应用于岩石图像处理的可行性研究 [J]. 软件导刊，2016，15（9）：163-166.

[10] 赵倩倩. 基于 Spark 的岩石图像聚类分析算法研究 [D]. 西安石油大学，2016.

[11] 刘丽婷. 深度信念网络在岩石薄片图像处理中的应用研究 [D]. 西安石油大学，2017.

[12] 吉春旭. 基于卷积神经网络的岩石图像分类研究与应用 [D]. 西安石油大学，2017.

[13] Zhang T F, Tilke P, Dupont E, et al. Generating geologically realistic 3D reservoir facies models using deep learning of sedimentary architecture with generative adversarial networks[J]. Petroleum Science, 2019, 16（3）: 541-549.

[14] Goncalves L B, Leta F R, Valente S. Macroscopic Rock Texture Image Classification Using an Hierarchical Neuro-Fuzzy System[C]//2009 16th International Conference on Systems, Signals and Image Processing. IEEE, 2009: 1-5.

[15] Gonalves L B, Leta F R. Macroscopic Rock Texture Image Classification Using a Hierarchical Neuro-Fuzzy Class Method[J]. Mathematical Problems in Engineering, 2010（2）: 1-23.

[16] Chan S, Elsheikh A H. Parametrization and Generation of Geological Models with Generative Adversarial Networks[J]. arXiv preprint arXiv: 1708.01810, 2017.

第6章　地质设计安全风险智能分析

6.1　工程背景

钻井、试油气作业不确定性因素多，随着油田勘探开发的日益深入，施工难度越来越大，会经常遇到各种井下复杂情况与事故，严重影响了正常作业，造成了巨大的经济损失。

钻井作业过程中由于对地质构造（裂缝、溶洞、断层等）、地层物性（破裂压力、孔隙压力、坍塌压力、地层压力）、岩性等认识不足，可能面临着卡钻、井塌、井漏、井溢、井涌甚至井喷、地层伤害等风险；试油气作业过程中，对高压、含 H_2S 等高风险井的施工作业，必须做好井控风险防控工作，防止井喷、爆炸、中毒和环境污染等事故发生。

因此钻井、试油（气）作业必须严格坚持"先设计后施工、无设计不施工"的原则，地质设计中需提供完备的基础数据和明确的井控风险提示及要求，井控设计是地质设计中的重要组成部分。

6.1.1　井控风险类型

要做到安全防控工作，首先要科学地认识风险，分析各种风险事件发生的起因、机理，制定有针对性防控措施，最大限度地遏制诱因发生，从而有效地降低风险概率，保证施工作业安全、顺畅。以下详细解读和分析钻井、试油气作业过程的潜在风险。

6.1.1.1　钻井作业风险

钻井作业的风险分为两大类，一是井位风险，即周边环境敏感区风险。施工过程中必须严格遵守国家环境保护法，按照地方相关条例、标准执行，与水源、林园、农耕田等敏感区保持安全距离，必要时采取有效的保护措施来最大限度地保护环境。二是井下风险。在复杂地层条件下钻井，经常会遇到井下各种复杂情况，根据历史钻井作业经验，将钻井过程中发生频率高、危害性重的井下主要风险事故总结如下。

（1）卡钻。

卡钻事故是钻井施工中最常见、最易发生的井下工程事故，几千米长的钻具在井内工作时，常因井壁掉块、垮塌或黏吸等原因使钻具失去活动能力，由此可能会发生钻具不能上提、不能下放或不能转动的卡钻现象。

（2）井漏。

钻井液在压差作用下直接进入地层，导致钻井液漏失，即井漏。井漏包括渗透性滤失、裂缝性滤失、溶洞性滤失。井漏发生的原因：所钻地层存在自然的漏失通道，如高渗透地层、裂缝性地层和溶洞性地层容易引起井漏；所钻的地层压力亏空，产生较大压差而引起漏失；钻井液性能不好、黏度切力过大、携沙性能不好等引起井漏。

（3）井溢、井涌、井喷。

地层流体侵入时，如果控制不力，就会引起井涌，进而严重时则会引起井喷。其发生的原因：井筒的液柱压力低于地层压力时，从井口或钻机转盘面的钻杆内会涌出连续不断的钻井液，这就是钻井溢流，钻井溢流不断增大便会形成井涌。当发生钻井溢流和井涌后，若不及时采取措施处理，井涌的量就会逐步增大，喷出物会越喷越多、越喷越高，最后发生井喷。

（4）井塌。

井塌是钻井过程中井壁失稳垮塌的现象，井内液柱压力不能平衡地层压力。其发生的原因：地层受钻井液浸泡，发生水敏膨胀、破碎、剥离；地层本身破碎、疏松，上提钻具时造成抽汲现象使下部井筒压力下降；在起钻过程中，未及时回灌钻井液造成井内液柱压力下降；停钻时间过长，钻井液性能发生变化；钻井液在裸眼井段长时间、大排量循环等。井塌严重时会导致井眼情况复杂，引起井内事故。

钻井过程中几种典型的井下风险事故示意图如图6.1所示。

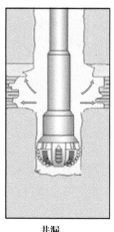 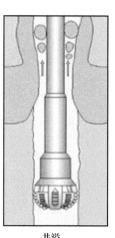 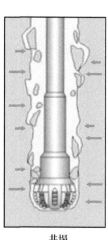 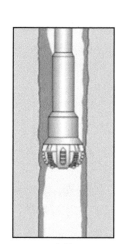

井漏　　　　　　　　　井溢　　　　　　　　　井塌　　　　　　　　　卡钻

图6.1　钻井作业井下风险事件图

6.1.1.2　试油气作业风险

试油气作业过程中，由于对地质认识有偏差，或目的层地质解释有偏差，当地层压力过大时，会引起自喷，若油井中含硫或天然气，不采取防护措施，会引起油嘴放喷、爆炸；含 H_2S、CO、CO_2 等有毒气体，防护不当，引起井筒、设备、人员事故和环境污染。

（1）井喷：由于对目的层地质解释与实际有差距，当气侵或注水造成压井液密度的降低，因地层压力情况不清或预计不准，导致地层流体大量涌入井筒，再加上地面控制系统失灵，无法有效控制，引发油、气（或水）在失去控制的情况下喷到地面的事故；

（2）爆炸：含天然气的油井进行气举时，空气与天然气混合引起爆炸；

（3）中毒：含硫油井、气井试采时，如果不做好防控措施，硫与空气反应生成有毒的气体（二氧化硫），引起中毒事故发生；

（4）环境污染：由于控制不当，有毒、有害物对林园区、水源区、农耕区等环境敏感区造成污染。

6.1.1.3　地面安全风险

在井位设计部署时，需要考虑井位的地面周边环境，包括保护区、水源地、农林等区域，这些禁止或限制开发区域不能部署井位。长庆油区部署井位需要遵循的相关环境保护条例:《中华人民共和国自然保护区条例》《陕西省城市饮用水水源保护区环境保护条例》《内蒙古自治区饮用水水源保护条例》《宁夏回族自治区泾河水源保护区条例》《甘肃省饮用水源水质保护条例及措施》《公路安全保护条例》《铁路安全管理条例》《中华人民共和国河道管理条例》《基本农田保护条例》《内蒙古自治区基本草原保护条例》等。保护区、水源地、农林等区域包括：自然保护区、饮用水源保护区、铁路沿线、公路沿线、河道沿线、基本农田保护区、基本草原保护区等。

6.1.2　井控风险防控要求

为了保障石油与天然气勘探开发生产安全，有效预防井喷、井喷失控、井喷着火事故的发生，保证人民生命财产安全，保护环境和油气资源不受破坏，油田企业依据国家标准、行业标准、企业标准制定了相关的井控实施细则，对井控安全管理做了详细的要求，其中地质设计作为井控的源头，是安全生产管理的第一道关，必须做好评估分级，风险识别提示明确详实。

地质设计前应对距离井位探井井口 5km、生产井井口 2km 以内的居民住宅、学校、厂矿（包括开采地下资源的矿业单位）、国防设施、高压电线、水资源情况、森林植被情况、通信设施和季风变化等进行勘察和调查，并在地质设计中标注说明；特别需标注清楚诸如煤矿等采掘矿井坑道及油气等集输管道的分布、走向、长度和距地表深度；江河、干渠周围钻井应标明河道、干渠的位置和走向等。

地质设计书中应提供以下资料:

（1）根据物探及本构造邻近井和构造的钻探情况，提供本井区全井段预测的地层孔隙压力梯度、目的层破裂压力、浅气层层位、油气水显示和复杂情况等预测资料，有条件的应提供相应的压力剖面；对于非均质性强的压力异常区、盐膏层等塑性地层发育区和破碎地层带等地区的井，应提供坍塌压力剖面。同时，应提供本圈闭邻近井的实测地层孔隙压力、实际地层破裂压力和实际钻井液密度。

（2）提供地层压力、有毒有害气体含量等参数的邻井距离要控制在一定范围之内，区域甩开探井应控制在 50km 以内，预探井应控制在 20km 以内，开发井、评价井应控制在 5km 以内。

（3）在可能含 H_2S、CO 等有毒有害气体的地区，钻井地质设计应对其层位、埋藏深度及含量进行详细描述和提示。

（4）对异常高压、注水注气、邻井钻井事故及复杂情况（溢流、井涌、井漏、井喷等）进行描述和提示；对断层、漏层、超压层、膏盐层及浅气层等特殊层段要进行重点描述。

（5）在已开发调整区或先注后采区钻井时应提供本井区主地应力方向、井距 500m 以内的注水井井口数、注水井号、注水压力、注水层位、注水开始时间、累计注水量等有关资料。

（6）地质设计中应明确井控风险级别。

6.2 安全风险智能分析系统

　　紧密结合地质设计、井控风险管控等业务，应用新一代大数据与自然语言处理技术，对单井各类完井报告、试油气总结、钻井日志等几十种文档进行数据挖掘分析，从各种文字内容中提取有关井涌、井漏、异常高压、有毒有害气体等信息，建立盆地级安全风险防控库，应用大数据算法，实现邻井范围内的安全风险智能分析及辨识，并通过配套研发地质方案智能设计平台，一键生成地质设计报告。安全风险智能分析系统建设主要开展以下四个方面工作：

　　（1）对长庆油田已钻井试油气作业中发生的复杂情况、对应开发区块的注水情况、生态红线等进行梳理分析，利用大数据及自然语言处理技术，以非结构化文档、结构化数据库及空间库为数据源，获取钻井、试油气风险信息及防控处置过程，制定各类安全风险关键指标，建立安全风险防控数据库。

　　（2）优选安全预警大数据分析算法，构建安全风险信息采集规则和动态抽取机制，定时更新风险信息，确保数据的时效性与完备性。

　　（3）开发大数据分析工具，应用 GIS 可视化技术，按照空间距离、深度范围智能分析邻井风险信息，为井位部署提供安全风险警示；在地质图件中按照风险等级和类别发布安全风险井点图以及风险分布热力图。

　　（4）按照不同井型井别的地质设计模板要求，快速组织提取邻井相关各类动静态资料及井控安全环保信息，实现设计报告自动生成，有效提升地质设计水平和质量。

　　系统主要涵盖风险信息采集与管理、算法模型优化、邻井风险分析识别、井位部署与地质设计安全风险提示服务、地质设计报告自动生成等模块。系统功能架构图如图 6.2 所示。

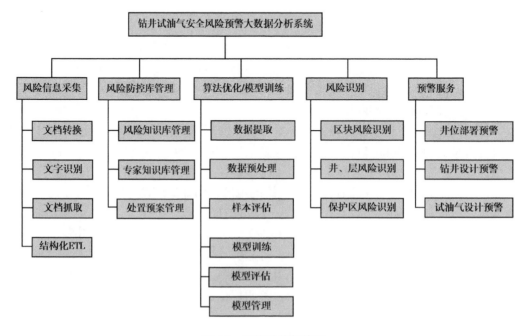

图 6.2　系统功能架构图

6.2.1　风险信息采集

应用结构化（ETL）、图像转文字（OCR）及关键信息抽取等技术对结构化数据和非结构化文档进行转换、识别、处理，提取有效的风险信息，再对数据中存在的特殊字符、错别字、重复记录、空数据、缺失数据等问题进行清洗处理，最终形成一套完整、准确的历年风险数据体。转换过程如图 6.3 所示。

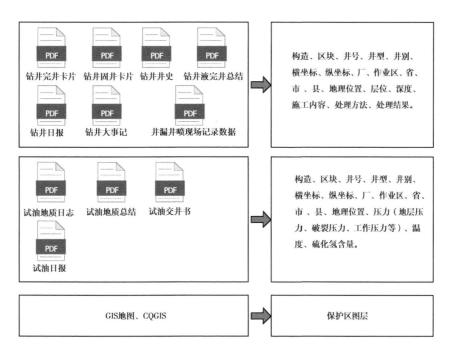

图 6.3　转换过程

为了保证数据的及时性和实用性，通过将以上数据采集处理过程开发成应用服务，并可以定时调用执行，建立定期更新机制，对当年新完钻井的风险信息及时抽取并统一加载入库管理。

6.2.2　风险数据管理

整合集成区域数据湖各类动静态数据，包括地质设计所需的区域地质、构造、开发现状，以及邻井各类钻井、录井、测井、试油气、分析试验、动态监测、生产动态等资料，新建风险防控数据库，实现各类历年地质风险信息的统一管理。地质风险数据包括日期、地理位置、区块、层位、构造、井号、井坐标、深度、风险级别、风险类型、描述、处置过程、处置结果、数据来源等。

围绕地面安全环保风险，基于油气藏空间库，收集整理公路、铁路、河流、生态红线等空间实体数据，新建井漏、井喷、井塌及 H_2S 风险井位等 GIS 空间服务。系统集成了钻井、试油气地质设计相关技术标准、井控实施细则及安全技术规范等文档资料，进行统一集中管理，为设计编写及现场施工提供技术参考。

6.2.3 风险智能分析

按照风险类别及等级标准，设计了一套直观的可视化图标，通过 GIS 导航方式在线展示各类风险井位分布图。通过应用平面密度算法，生成不同风险类型的热力分布图，直观呈现区域整体安全风险状况。

围绕井位部署，按照一定空间范围（5km 或 10km），进行邻井、区块、层位多维搜索，实现缓冲区内各类安全风险的有效识别与提示，包括地层压力、开发井注水状况、邻井的井涌、井漏、井塌等复杂情况、有毒有害气体及环境敏感区等综合信息。

针对油田注水开发区溢流风险多发的情况，自动推送周围注水井号，并勾划注水波及范围，汇总集成注水井数、平均油套压、累计注水量等最新生产动态数据，为停注泄压、提前加重等溢流防范措施提供依据。

6.2.4 地质设计报告智能生成

基于中国石油梦想云平台的云原生架构，开发单井地质方案智能设计模块，形成邻井推荐、地层压力预测、安全风险分析等 30 余个微组件，通过"组件式开发、积木式搭建"方式，系统功能可以共享和复用。按照不同井型井别的地质设计模板要求，快速组织提取邻井相关各类动静态资料及井控安全环保信息，实现设计报告自动生成，有效提升地质设计水平和质量。

6.3 风险信息智能抽取技术

安全风险信息包括溢流、井涌、井喷、井漏、异常温度、异常压力及有害气体等，主要来源于油田的钻井、录井、测井、动态监测、生产数据等多专业数据库。安全风险信息在形式上可以分为两大类：结构化数据和非结构化数据，结构化数据主要是数据库中存储的规范的数据表，风险信息抽取较容易；非结构化数据又可以分为文档和图片，从文档和图片中抽取风险信息相对较复杂。风险信息抽取过程如图 6.4 所示。

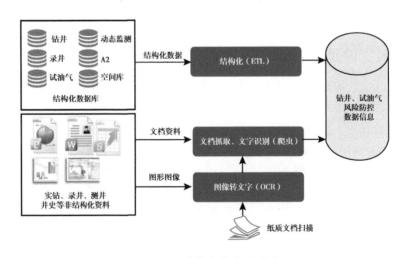

图 6.4　风险信息抽取过程图

6.3.1 非结构化数据抽取风险信息

相关文档主要有完井报告、完井卡片、固井卡片、钻井井史等，文档格式包括 pdf、doc、png 等，风险信息在这些文档的文字描述中，位置不固定（图 6.5），需应用大数据爬虫、NLP（自然语言处理）等技术，图片资料还需要先应用 OCR 识别为文字再进行信息抽取。

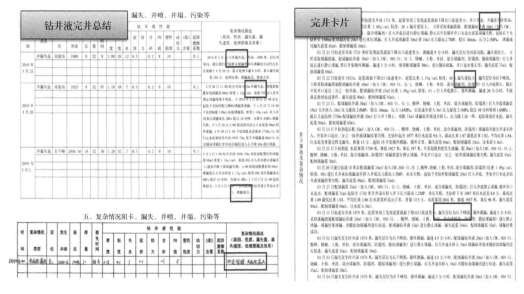

图 6.5 非结构化数据中的风险信息

针对部分文档内容为扫描的报告图片，先应用 OCR 技术进行文字识别，提取出文字。OCR 是图像信息转化为可以进行编辑的文本信息的技术，简单来说，就是一种便捷的图像转文字的技术，当前 OCR 技术已经相当成熟。采用 PaddleOCR 工具库，它是深度学习技术的一套丰富、领先且实用的 OCR 工具库。

对文档报告中的大量文字内容进行关键信息抽取，一般采用正则表达式进行模式匹配，找到目标文字段落，但是由于每个文档中的描述方式不一致，所以这种方法很难进行抽取信息。通过建立风险信息相关的专业词库，例如层位、井深、地层压力、井漏、堵漏、漏失、堵漏剂等，再应用自然语言处理技术（NLP）结合专业词库和语言模型进行分词、语义实体识别（SER）及关系抽取（RE）操作，就可以完成风险信息中的各种数据项的抽取。

6.3.2 结构化数据抽取风险信息

主要应用 ETL 技术从钻井、录井、试油气、动态监测、A2 等专业数据库中提取相关钻井复杂情况及大事记、测压、周围注水井生产数据。ETL 是将业务系统的数据经过抽取、清洗转换之后加载到数据仓库的过程。

风险信息 ETL 分四步：首先对各数据库元数据进行分析，结合业务专家经验，确定相关的数据项。然后是数据的抽取，从不同的数据源抽取到临时表中，在抽取的过程中选择 ETL 工具和 SQL 相结合的抽取方法，尽可能地提高 ETL 的运行效率。数据清洗和转换是花费时间最长的部分，工作量是整个 ETL 的 2/3。数据的加载是在数据清洗完了之后直接写入数据仓库中。

通过非结构化和结构化数据抽取风险信息方式，完成了单井各类完井报告、卡片、总结、日志等 200 余万份文档及数据库的风险信息提取，通过去重复、纠错、补全等数据清洗处理，整理 1.9 万井次安全风险信息。

6.4 大数据地质风险分析技术

大数据应用就是挖掘海量、快速增长的多类型数据价值，对数据进行处理、分析和可视化的过程。井控风险智能分析主要是应用大数据分析技术，综合分析区块、井别、井型、地层压力、有毒有害气体含量及地面周边环境敏感区等因素，智能辨识井控安全风险，按照井控管理标准，自动确定单井井控风险等级，一键生成安全风险防控报告。

6.4.1 自动确定单井井控风险等级

通过在系统中集成井控风险评级标准建立评估模型，同时从数据库中提取相关基础数据进行分析，进行地层压力预测、邻井硫化氢含量统计、天然气无阻流量预测等，再根据设计井深、井别等可以在设计井位时自动快速确定井控风险等级，单井的井控风险四级评级标准如下：

（1）一级井控风险井。

①预测地层压力 $\geq$ 105MPa；

②预测单井天然气无阻流量 $\geq$ 100×$10^4$$m^3$/d；

③预测硫化氢含量 > 30g/m^3（20000ppm）；

④垂深 $\geq$ 6000m 的井；

⑤垂深 $\geq$ 4500m 的区域探井、预探井。

满足以上条件之一的为一级井控风险井。

（2）二级井控风险井。

① 105MPa > 预测地层压力 $\geq$ 70MPa；

② 100×$10^4$$m^3$/d > 预测单井天然气无阻流量 $\geq$ 30×$10^4$$m^3$/d；

③ 30g/m^3（20000ppm）> 预测硫化氢含量 $\geq$ 1.5g/m^3（1000ppm）；

④ 6000m > 垂深 $\geq$ 4500m 的井；

⑤ 4500m > 垂深 $\geq$ 2000m 的区域探井、预探井；

⑥气相欠平衡、控压钻井，重大新工艺、新技术试验井。

满足以上条件之一的为二级井控风险井。

（3）三级井控风险井。

① 70MPa > 预测地层压力 $\geq$ 35MPa；

②预测气油比 $\geq$ 300m^3/t 的油井和 100m^3/t < 预测气油比 < 300m^3/t 的油井水平井；

③ 1.5g/m^3（1000ppm）> 预测硫化氢含量 $\geq$ 75mg/m^3（50ppm）；

④天然气井；

⑤有浅层气的井；

⑥垂深＜ 2000m 的区域探井、预探井；

⑦评价井。

满足以上条件之一的为三级井控风险井。

（4）四级井控风险井。

除一级、二级、三级井控风险井以外均为四级井控风险井。

（5）单井存在周边环境敏感、其他有毒有害气体等特殊因素，根据需要评估后可升级管理。

6.4.2 生成地质设计安全风险提示报告

应用 GIS 空间缓冲区分析算法，可以在设计井位一定距离范围内（一般是 5km 或 10km）搜索定位周边井位、井相关动静态数据及历史风险信息、环境敏感区或生态红线保护区、公路、铁路及河流等地理要素信息，综合以上数据按照风险提示内容要求生成报告。

安全风险提示一般包括以下内容：

（1）井场周边居民点、工矿等建筑，周边环境敏感区、河流、公路、铁路等距离。

（2）邻区已钻井复杂情况统计，例如井漏、井喷或溢流、井塌等，说明距离、具体日期、井号、井深、层位。

（3）邻区有毒有害气体 H_2S、CO 情况，要说明距设计井的距离、具体日期、井号、井深、层位以及有毒有害气体含量。

（4）区域内注水开发情况，叠合开发区要注意每个层位的注水井，包含报废注水井，统计注水层位、投注日期、日注水量、累计注水量、注水油压等。

（5）设计井目的层和邻近目的层的原始地层压力、饱和压力、已钻井破裂压力以及已投产井试井测压数据等。同时查找邻近区域三压力剖面图及其距离，为压力预测提供依据。

6.4.3 溢流风险提示

针对油田注水开发区溢流风险多发的情况，自动推送周围注水井，并勾画注水波及范围，汇总注水井数、平均油压套压、累计注水量等最新生产数据，为停注泄压，提前加重等溢流防范措施提供依据。

6.4.4 应用机器学习算法对井漏、井喷、井塌风险初步预测

除了以上对部署井位周边的各类井控风险进行提示外，还探索应用了机器学习中集成学习方法对设计井的不同钻井深度、地层发生井漏、井喷、井塌风险进行初步预测。

钻井安全风险预测可以归结为机器学习的分类问题，由于预测精确性受领域知识和训练数据及其分布的影响很大，很难构造一个具有高精度的学习模型，因此采用集成学习策略，通过将多个单模型组合来提高预测能力。采用随机森林、XGBoost 和 LightGBM 三种典型算法，三者之间最大的区别在于决策树训练过程中分裂策略差异性，导致在收敛性和效率上不同。

类别与数值特征处理：对于"构造位置""区块""省"等类别特征，模型不能直接识别，采用词向量技术对此类特征进行变换处理；应用等深分箱转换将"井深""经度""维

度"连续型数值特征离散化。

事故井分布特征的处理：考虑到地理位置对于预测结果的强相关性，将风险井位投影在 GIS 地图上，可以发现事故井在分布上呈分区域聚集性状态，因此通过此特点构造两类人工特征参数。一是中心距离特征，是指利用层次聚类对经纬度进行聚类，把事故井划分为 m 个类，并且得到每个类的类中心，然后计算每个样本到这 m 个中心的欧式距离；二是分布聚集特征，是指以每口井自身为中心做一个半径为 r 的圆，计算在圆内风险井的数量，r 分别取 50m、100m、200m 等多个值，分析风险井的分布密度。

完成样本数据预处理和特征工程后，分别调用随机森林、XGBoost、LightGBM 算法，建立井漏、井喷、井塌三类风险预测模型，对每一类模型，再按照集成学习方法，采用平均值和最大值两种方式集成，得到集成—mean 模型和集成—max 模型。模型训练为防止过拟合，应用损失函数阈值和最大迭代轮次作为模型训练结束的条件。

经过测试，目前机器学习方法预测井漏风险的符合率为 75% 左右，具有一定应用价值。

6.5 应用场景及效果

围绕井位部署论证—地质设计—现场施工各个业务环节，打破了与 RDMS、QHSE 系统界限，实现风险防控数据互联、业务互通，构建大科研＋大监督协同共享应用场景，提升地质、工程井控安全环保的一体化管控能力。以油田、单位、井位、环境的空间数据为基础，结合各类风险井位图层，以 GIS 图形为导航，进行多图层技术叠加，可视化分析地质设计安全风险，辅助地质设计编制，支撑现场钻井试油气作业。

6.5.1 井位部署及现场踏勘

探井、评价井井位部署及论证是一项地质理论体系复杂、技术研究手段要求高、紧密结合生产实践的综合性工作。其主要业务内容和工作思路：通过盆地沉积、构造、储层及油藏分布特征研究，确定圈闭类型及其分布，重点考虑烃源岩展布、沉积相展布、古地貌特征、储集砂体展布和生储盖组合特征，总结成藏规律；分区、分层研究油水分布特征，开展有利区优选；确定井位部署目的和思路，研究目的层位油藏分布特征，归纳总结井位部署依据，指导生产实践。

现场踏勘是在井位坐标下发后，由建设单位、地质部门和施工单位实地勘测确定地面井口位置的过程，如果现场踏勘时，若因地形、地物等条件限制没有合适的井场，则需要对井位坐标进行调整移动，开发井一般不超过 30m，探井一般不超过 200m。

应用多类型面元组图坐标解析及叠加技术，将采油气厂、油田矿权、井漏、井喷、井塌、有毒气体、公路、铁路、河流、生态保护区十个图层坐标解析、动态叠加处理，按照统一的风险类别及等级标准，设计直观的风险图标，通过 GIS 导航方式在线展示盆地各类风险井位分布图。应用地图密度算法，生成不同风险类型的热力密度分布图，辅助分析区域安全风险状况。

在 GIS 地图上通过定位，确定待钻井位置，展布邻井风险事故情况，提供邻井相关历史数据资料，通过大数据分析，预判待钻井风险情况。

邻井数据查询有两种模式：一是 GIS 邻井分析直接穿透查询；二是进行数据查询功能直接查询。

6.5.2　地质设计编制

井位坐标实时推送，并按照井控设计管理要求，一键生成安全风险防控报告，支持在线编辑、导出 Word 文档直接集成到地质设计中。

6.5.3　现场施工作业

系统对历史上特殊区域事故处理方法及过程进行记录，借历史之鉴，避免同样的事件再次发生，为地质设计和现场施工提供一手资料。

第7章　面向生产的油气藏智能诊断及预警

　　传统的油气公司生产及业务运营分析工作需要对大量数据进行人工处理并分析，通过研究来逐步发现实际问题，然后再提出相应的解决方案进行系统调整，不仅很耗时耗力，效果不明显，而且较少数量的预警监控模式也仅仅是将预警监控的指标值和历史数据值进行对比，看似进行了预警，实际情况是滞后于预警，不能立即对企业各分项生产经济指标变动和油田动态变化趋势进行超前的预测分析及预警，增加延误处理异常情况的时间，也因此给实际经营生产管理带来很大损失。现阶段油田在生产预警分析系统运行中发现对某些单一产量指标产生的产量预警信息相比较于生产综合管理指标产生的生产预警数据较多，不能准确有效科学地进行评价出油田整体正常生产管理运行的真实状态，且油田大部分的预警信息系统仍为单机版，不能做到对实时获取来的生产数据资料进行全面实时化的跟踪处理工作和完成对系统在线或对离线系统性能的升级。

　　国内外在研究大型油气藏开采中如何应用人工智能技术现仍然处于刚刚开始起步探索的阶段。实时生成的、动态跟踪的、静态存储的数据以及能够海量、多维度识别和可完整准确描述石油生产对象特性的各类油气资源生产环境大数据技术是石油人工智能和工业化机器人稳定成功应用开发的理论基础。为保证得到实时准确的油田海量的油气勘探生产活动数据，油田研究人员只依靠计算机传统上的简单人工分析完全无法实现，只有能够充分有效发挥现代计算机系统对海量数据分析的强大处理计算能力，将油田人本身的业务智能技术与现代机器智能手段有机结合，才能最有效的挖掘及利用这些数据带来的无限潜在科学价值，帮助勘探技术人员更好地去管理现有油田的生产，实现其由原来传统单一的人工业务智能驱动的管理模式逐渐向机器数据驱动模式转变。

　　石油天然气产品作为人类生活环境中一个必不可少的基本能源，在我国的国家经济发展中起着极其重要的作用。如今随着国内外石油产业经济的持续高速发展，石油天然气的生产状况数据更是能够充分体现出各国油气行业生产经济状态变化的一项参数指标，应对此予以充分地重视。根据国内以往经验，针对油气企业生产经营数据进行智能化风险分析，一般多采用计算出油气公司生产运营数据安全系数的方式进行分析，在实际油气项目生产运作过程中使用的数据是否真实存在异常。油气安全生产预测数据分析本身还具有信息基数比较大、类型较复杂的分析特点，该数据分析研究方法被应用于对油气企业生产运营数据进行智能化预测分析预警中带来的信息效率低，导致其无法快速地为进行油气行业生产运行数据进行智能化分析预警而做出更加高效的、真实的、及时的数据分析研究，致使企业油气系统安全生产运营数据分析智能化分析预警结果及时率更低，无法全面保证实现油气系统安全生产。由此可见，传统关于油气行业生产运行数据及智能化信息分析研究与监测预警体系的相关研究内容中可能存在某些不健全之处，有待今后完善。在国内外众多新的数据处理体系框架设计中，大数据以其本身独特鲜明的功能特点脱颖而出。为了充分适应这个新时代形势下国内外油气企业生产业务发展与需求，有很大理由能将大数据直接应用到在油气的生产过程数据及其智能化风险分析评价与风险预警体系中，利用基于大数据进行智能化预警分析油气企业生产数据，并设计了基于大数据技术的油气的生产运行数据风险智能化的预警评估方法，从根本上有效提高我国油气行业生产经营数据进行智能化的预警的及时率，进而有效实现油气的生产过程中数据的安全。

随着国内近十几年物联网传感器技术、数据库技术应用的日益高速与发展，油田系统信息化和技术服务水平也还在得到不断地完善提高，使得中国油田信息系统开发投入和企业运维的数据投入发生爆炸式的增长。在如此庞大复杂的数据体系中，往往蕴含着可进行深入数据挖掘的潜在价值。同时，在油田开发实际勘探生产环境中，存在着的各种各样潜在的技术不确定性因素，任何一个因素都有可能影响整个生产体系的运行效率。因此，提前发现影响生产的各种不利因素，并加以控制和采取相对应的措施，是油田生产中亟待解决的问题。

与此同时，在油井的实际安全生产的操作以及过程监控管理实践中，由于各生产环节油井个体系统之间及其本身又存在极大范围的操作技术差异性，导致井下可能发生影响钻井正常的生产及运行的因素种类又可能会过于复杂分散且繁多。因此当我们在面对钻井作业出现的生产技术异常等各种情况时，业务经验不足的钻井管理人员有时会无法及时、准确、高效地找出异常源。当油气田在实际开发过程中往往会遇到很多问题，一般常常需要与多位工作经验较为丰富的专业油气田专家一起面对面地进行一些技术相关业务话题上的交流讨论，在交流与讨论的过程中势必会消耗大量的人力，大程度上影响了实际油气资源的生产效益。

生产指标预警系统是根据油田长期生产中出现的各种问题，及问题发生前后各项参数的变化情况，经过专家论证，开发出一套能够提前向管理人员做出预警的指标体系。生产经营预警指标是政府为防止经营指标被超越法定许可经营范围后给出的一个警示，它可以避免损失或尽可能减少因发生事故经济损失扩大等事件，同时缩短发现问题的时滞性。但由于目前国内大部分的预警模式都还只是仅仅的是对监控的指标数据和历史数据来进行分析对比，没有结合预警理论优化动态推荐的预警指标。预警系统中对单一指标进行的预警更多，综合单一指标进行的预警较少。

充分利用油田历史数据的价值，建立出一套合理高效的油田经济生产动态指标的预警评价体系，构建一个系统化、综合化管理的企业生产运行指标预警系统具有以下意义。

（1）充分利用石油大数据，对建设智能化和信息化油田有着一定的推动作用。

（2）积极树立管理超前风险意识，抢先半步感知影响生产的各种潜在不利因素，对矿井生产安全管理实践中确实存在严重的潜在问题情况和认识偏差及时提前进行预警，超前进行或超前及时合理的地采取其他各项超前应对措施，缩短井下发现问题、解决实际问题发生的准备时间，确保油井保持良好的和平稳而高效运行的生产，降低影响生产的风险。

（3）有效降低油田异常处理的行业门槛，一定程度上降低油田异常处理对专家的依赖度，缩短传统的"异常发生—专家论证—解决故障"的流程。同时，也能够为专家论证提供一定的帮助。

（4）可为后续油田建设开发投资及建设运维相关工作实施提供辅助决策，保障未来油田各项生产业务的顺利平稳与高效协调运行，提高生产效益。

7.1 现状与技术发展

7.1.1 国外预警理论研究

针对油气田生产预测预警模型方法的研究在国内外均属于热点问题，以智能分析模型为基础的智能油田建设，是油田未来建设的一个主要方向。利用油气物联网技术，大数据分析技术，智能油田建设的前景越来越广阔。

美国康利菲斯石油公司（Conoco Phillips）在位于挪威的斯塔万格附近建造了一些位于陆地上的石油钻探平台与生产试验中心，来进一步帮助公司延长了北海日益老化的埃德科菲斯弗尔斯托克（Ekofisk）油田的使用寿命。北海的挪威海域是数字油田技术利用程度最高的地区，该地区的近海平台全都由光缆相连。由于该中心的设立，埃科弗斯克油田海域油田的总投资的回收率到现在已从 46% 的大幅度上升了 50%~60%，运作仅仅 7 个多月时间就收回了核心的投资建设成本。

壳牌国际勘探开发公司与斯伦贝谢信息解决方案公司（SIS）已经结成联盟，联合研究开发新一代油气开发方案——Smart Fields TM 技术。它是以闭环的形式应用油藏和生产系统的模型进行油气田开发的一种先进系统。合作小组工作的重点是开发实时作业流程，将参与油田开发作业的人员、程序和技术结合起来，特别是要集中力量建立一套新的油气开发解决方案，在基于风险分布的决策计划中，应用油田实时开发信息和钻井信息将共享的地球模型进行整合，从根本上改进油气田的开发。

2005 年 IBM 公司通过与挪威的国家石油公司合作开始建设智慧油田，实现了企业以下几项主要业务目标：能通过实时无线感知地下油田正常运行下的工作情况，现场进行"智慧地"智能化管理，延长了地下油田寿命周期并相应提高到了最高产量；将海上的油井实时监控技术和自动化管理服务功能整合引入到了岸上油田的岸基设施维护中，从而显著降低了人力成本，提高了生产效率；通过增强信息交换共享，加强到了企业各相关业务领域之间的协作。

印度石油天然气公司公司实施完成了整套 SCADA 系统，通过对印度境内所有的生产井和主要钻井参数等进行全面高效地实时监控，促进了勘探与开发公司对高价值井和高产井进行实时计算及分析，为管理层正确做出快速有效准确的生产决策方案提供有效依据，总体改善了印度石油天然气公司在井下生产技术和主要钻井工艺技术设备等的管理日常规范化运作，提高生产效率。

沙特阿美石油公司（Saudi Aramco）提出了监测、优化、集成、创新四个层次的智能油田建设的技术方案，通过智能井下传感器、智能完井监测技术、自动化井操作监控技术、数据信息整合、数据管理技术优化和信息资源的挖掘、建模仿真和分析以及一体化运营环境建设，及时掌握生产状况，提高井下作业效率，进行业务流程优化，利用远程监控与预警等手段，实现降低作业成本和提高油田油气采收率的目标。

在石油工业领域，国外预警理论研究主要集中在石油安全方面。例如采用神经网络模型的石油安全预警与应急对策研究、结合人工神经网络对油藏储层性质进行预测不连续致密油藏油井的生产动态等。

7.1.2　国内预警理论研究

我国在灾害预警控制理论方面进行的理论研究起始于在 20 世纪的 80 年代,最初多以引进国外的预警理论模型为主,同时注重结合国情,以定性方法为主转到注重定性与定量相结合、从注重宏观经济动态预警上升到强调微观经济预警,逐渐形成适合我国国情的预警理论与体系。

在石油工业领域,我国预警理论在油田安全、油田产量、油田动态监测等多个方面进行了大量研究。吴文盛等对目前我国地下石油资源的相对安全风险进行分析评价与预警方法研究,建立了石油资源企业安全评价的指标体系与方法标准[1]。李凌峰等首次建立发展了石油行业安全因素的危机分析预警评价模型[2]。范秋芳等率先建立了石油企业生产经营系统监测预警指标体系,构建了石油企业生产经营综合评价预警模型[3]。刘志斌等建立了油田产量监控预测预警系统,实现了计算机对油田产量数据的实时监测和预测[4]。常彦荣等运用预测与预警一体化理论和当代计算机技术,开发建立了一套生产预测及预警软件系统,对油井生产运营出现异常监控对象能够给予全面及时精确地报警与处理[5]。牛琦彬等采用了黄色预警分析方法,构建了油气企业经济信息预警系统。该预报系统一般采用目标值、合理区域经济界限数值和合理行业值等分析方法综合确定预警值警限,并进行综合评估预警,预测油气企业在未来油气生产或经营上可能存在的几种发展变化趋势[6]。陈武等依据计算和分析油井的时间指标,通过指数分析理论,观察各种指定参数的差异变化等情况,分析影响油井时间利用和综合利用率,从而找到各种影响油田生产的主要因素,以全面提高各油井生产的时间利用[7]。综上所述,我国预警研究在石油领域的研究以石油企业经营管理、油田安全、生产指标的监控预警等方面为主,大部分倾向于事后分析,缺乏能够超前预警的理论和技术,并且很少在预警的同时,能够提供一定的异常诊断依据。

7.1.3　相关技术及其进展

面向生产的油气藏智能诊断及预警技术主要基于数据分析和机器学习算法,通过分析油气田的产量、温度、压力、含水率、含气量等多个参数,建立起一个完整的生产数据分析模型。在此基础上,通过对模型进行训练和优化,可以实现对油气藏生产过程中的异常情况和潜在风险的预测和诊断,以及对未来的生产趋势进行预测。相关技术特点及应用领域如下。

(1)实时监测:该技术可以实时监测油气藏的产量和储量,及时发现生产过程中的异常情况和潜在风险。

(2)智能诊断:该技术可以通过对生产数据的分析和处理,实现对生产过程中异常情况和风险的自动诊断和预警,提高生产效率和安全性。

(3)预测分析:该技术可以通过对历史生产数据的分析和建模,预测未来的生产趋势和可能出现的问题,提前采取措施降低损失。

(4)可视化展示:该技术可以通过图表和报告等方式,将分析结果可视化展示,方便管理人员和决策者进行决策。

面向生产的油气藏智能诊断及预警技术适用于各种类型的油气藏生产场景，例如陆上油气田、海上油气田和深水油气田等。该技术可以帮助生产人员实时监测油气藏的生产情况，预测可能出现的生产问题和风险，提高生产效率和安全性。同时，该技术还可以为管理人员提供决策支持，优化生产计划和资源调配。油气藏诊断及预警是当前油气生产领域的热门技术之一，随着数字化技术和人工智能技术的不断发展，该技术的应用前景非常广阔。在未来，该技术将会更加智能化和自动化，通过与其他技术的融合，进一步提高油气生产的效率和安全性。

7.2 油气藏智能诊断及预警系统设计

长庆油田油藏类型众多，随着油田开发的不断推进，不同类型油藏开发矛盾凸显，部分低渗透、特低渗透油藏进入中高含水期，控水稳油难度加大，超低渗透油藏有效压力驱替系统难以建立，致密油开发难度加大，而现有的开发水平评价标准较为单一，不能满足各类油藏在不同生产阶段的开发水平评价需求，导致油藏开发调整和治理工作缺少依据和针对性。

目前缺少油藏开发水平跟踪评价和变化趋势预测的有效手段，不能及时发现不同类型油气藏在不同开发阶段中存在的各类问题。对于产量变化情况，不能结合不同油气藏的生产特征、开发特征等对产量、含水等关键指标进行有效预测。

同时，未能充分发挥相似油藏在开发效果评价中的类比作用，数据挖掘程度低，智能检索水平相对较差。相似油气藏的检索耗时耗力，基本上凭工程师的个人经验和繁重的人工对比来完成，获取的有效对比指标和信息相对较少，无法进行复杂的精确类比。

采用大数据分析技术，实现油藏开发经验转化为数字化的知识，进一步指导油藏开发发水平跟踪评价及预警，从而更好地指导目标油藏的下步开发调整工作，为此而构建了油藏智能诊断与预警系统——RIDEW（Reservoir Intelligent Diagnosis & Early Warning）。RIDEW系统围绕"三大业务"来开展系统建设工作，具体为：（1）类比油藏样本库建设；（2）油藏开发水平跟踪评价；（3）油藏智能诊断与预警。

以长庆油田数字化油气藏研究与决策支持平台（RDMS）为依托，将长庆油田下属32个油田、524个开发单元、11万余口油水井的动静态数据，应用大数据分析技术，结合油气藏工程专业分析手段，对各类油藏不同生产阶段的开发水平进行跟踪评价，对存在问题进行及时预警和诊断，使油藏诊断和治理工作由被动转为主动，从而实现油田开发的"精细管理、提质增效"，保障油田持续高效开发。

7.2.1 功能需求与数据来源

现场需求调研工作主要围绕类比油藏样本库建设、油藏开发水平跟踪评价、油藏智能诊断与预警"三大业务"来开展，深入各级单位调研业务需求、数据状况和算法模型，分析现有数据和现有算法对智能诊断业务的支撑情况，从而指导智能诊断系统项目库、专家知识库和算法模型库的研究，为智能诊断系统的建设打下扎实的基础。

现场需求调研工作的主要内容和思路如图7.1所示。较为详尽地总结出了智能诊断系统业务的功能需求、业务流程和常用方法，为后续系统设计提供了实际依据。

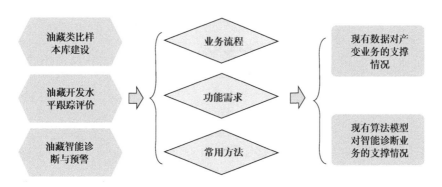

图 7.1　现场需求调研工作的主要内容和思路

数据需求分析是智能诊断系统建设中较为重要的一个环节，目的是系统梳理各业务数据需求、深入落实数据来源和数据状况，确保系统功能设计的可行性和适用性。

7.2.1.1　数据需求

依据现场功能需求调研结果，系统数据需求主要分为源头数据和应用两大类。

（1）源头数据。

源头数据主要来源于 A2 库和 RDMS 数据库。其中 A2 数据库 28 张表、RDMS 数据库 10 张表。

① A2 库。

A2 库数据比较规范，有统一的采集标准。组织机构、地质单元、组合单元、井网、层系、层位、井等实体对象取均有统一的编码；同时包含了各种石油行业的标准代码，如措施类型、日常维护类型、关井类型、要事类型、驱动方式、采油方式、油气品种、新老井标志、油藏类别等，数据应用时基本不用进行清洗就可以直接应用。A2 库涵盖了产量变化分析和预测系统应用所需的绝大部分基础数据，如单井生产、区域生产、单井地质、区域地质、基本实体、生产测试、生产测井、修井完井等，可以较好地支撑智能诊断系统的应用。智能诊断系统源头基础数据构成图如图 7.2 所示。

图 7.2　智能诊断系统源头基础数据构成图

②RDMS库。

RDMS库涵盖了勘探生产管理、油田产能建设、油田生产管理、生产建设实时报表、油层综合数据库、提高采收率、单井生命周期等，这些数据在部分功能应用中需要与A2库或项目库的数据整合后支撑应用。

（2）应用数据。

为支撑油藏智能诊断与预警系统的应用，还需要建立一个项目数据库，该项目库主要存放基础信息数据、专家知识、系统成果数据、用户成果数据、全局配置信息和系统日志信息6类数据。智能诊断系统应用数据构成如图7.3所示。

①基础信息数据。

基础信息数据主要用于补充A2库中开发单元的基础信息和分类信息，例如含水阶段、可采储量采出程度、油藏类型、是否重点区块等，以便支撑各类组织机构、区块单元和分类油藏的配产配注方案设计、措施效果分类统计等应用功能。这类数据有一定维护需求，需定期补充和完善。

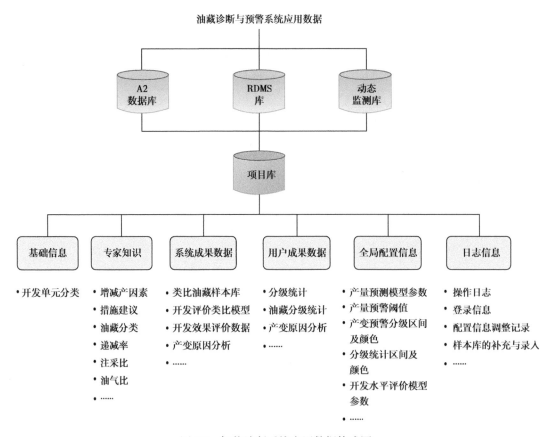

图7.3　智能诊断系统应用数据构成图

②专家知识。

该类数据主要是经验数据，在相关功能中被调用，用于阈值设置、产变原因判断、参数取值或辅助分析。

数据包括：生产指标分级区间、产量预警阈值、增减产因素、措施方案知识、类型油藏老井递减率、类型油藏合理开采技术政策。

③系统成果数据。

该类数据主要是一些共用型的成果数据，用以对源头库数据进行补充，支撑系统相关功能的应用。

数据表包括：生产运行计划数据、类比油藏样本库、开发评价类比模型、开发水平评价数据、历年产变原因分析结果等。

④用户成果数据。

用户在使用系统时，希望对相关成果进行保存，以便后期回访或再现。这时可将成果信息保存至服务器，服务器记录成果对象、参数设置信息，后期回访即可实现成果快速再现。此类成果与个人用户相关联，其他用户不能访问。

数据包括：系统各个功能应用成果的相关详细数据。

⑤全局配置信息。

该类数据主要是全局模型参数设置信息，此类信息由系统管理员统一管理，普通用户不能变更。

数据包括：产量预测模型参数、产量预警阈值、产变预警分级区间及颜色信息、分级统计区间及颜色、措施效果评价模型参数、开发水平评价模型参数等。

⑥日志信息。

记录用户操作信息、登录信息、全局配置信息调整记录、专家知识补充与修改记录等。

7.2.1.2　数据状况梳理

数据状况梳理工作是一项十分重要的基础工作，直接影响到系统开发后的可用性。RIDEW 对 A2 等源头数据库的相关数据进行了深入细致的梳理，指出了现有数据存在的问题和处理难点，为系统设计和开发提供了有力依据。

7.2.1.3　数据处理的难点

通过对 A2 库中的数据结构和数据状况进行系统梳理，指出了在系统开发是需要重点关注的几个数据处理难点，主要有以下几个方面：

（1）数据对象归属关系复杂。

数据对象按组织机构可分为采油厂、油田、油藏、单井等级别；而按照地质单元又可分为油气田、油气藏、区块单元等级别。涉及的数据对象和数据表众多，关联关系较为复杂；油藏随着时间的不同隶属的采油厂也不同；隶属关系随时间而变。

通过深入调研，弄清了各对象之间的归属关系，并建立了智能诊断与预警系统 RIDEW 的数据模型和数据处理架构，为系统开发打下了坚实基础。

①数据处理架构设计。

根据数据应用需求分析，整体的数据处理架构采用 SOA（service-oriented architecture）架构，即数据应用层与各种数据操作使用松耦合的方式，所有数据操作均通过通用数据服务来完成，通用数据服务支持分布式部署，以应对高并发及大数据量的访问需求。智能诊断系统数据处理架构如图 7.4 所示。

油气藏大数据技术与应用实践

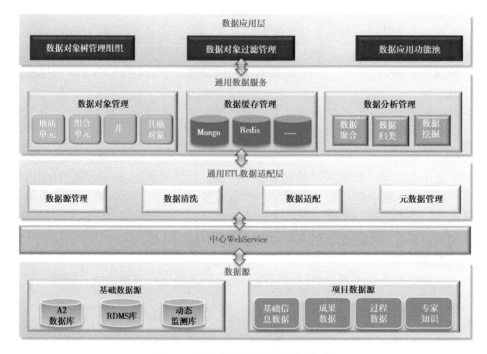

图 7.4　智能诊断系统数据处理架构

②数据模型设计。

图 7.5 为智能诊断系统数据模型用例示意图。

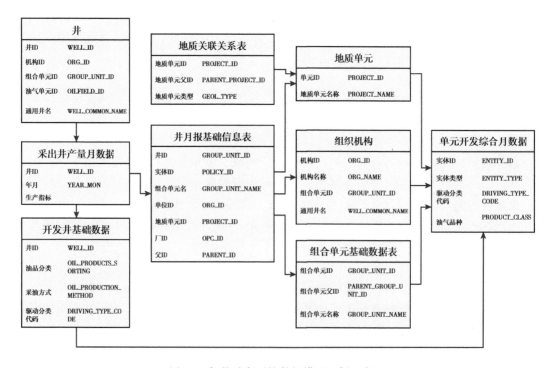

图 7.5　智能诊断系统数据模型用例示意图

104

RIDEW 系统的所有业务内容均封装在数据模型对象中，业务功能在使用相关数据时，均需要通过数据模型来组织访问，即根据业务功能的需求抽象业务对象数据模型，做到涵盖整体数据业务的大模型，无论任何功能都可以找到一条数据访问主线（数据模型），通过主线查找相关业务数据，业务数据模型可以无限扩展。

把所有的开发单元和井的数据均组织到实体对象下，再把相关数据集成缓存到缓存服务中，进行数据分析、统计、聚合及归类，当客户端需要相关实体数据时均可传入相应实体对象数据所对应的 ID，通过 ID 来找到相关对应的数据内容。其余数据类型的设计均与井数据模型一致。

（2）数据齐全性和准确性检查工作量大。

对源头数据齐全性和准确性进行检查是一项必要的工作，可有效指导算法开发，尽最大可能规避因数据缺失和数据异常造成的功能缺陷。然而这是一项工作量较为庞大的工作，且是一项贯穿与整个项目研究的工作，通过"边进行系统开发、边检查数据状况"实现对数据问题的发现。

7.2.2　系统设计

基于现场用户实际需求和业务流程，深入细致地开展系统设计工作，编写详细设计的设计报告，为系统开发打下坚实的基础。系统设计工作包括数据库设计、系统设计和测试设计三方面。

7.2.2.1　数据库设计

（1）建立数据库表结构。

项目数据库的设计包括数据库逻辑结构设计、物理结构设计、安全保密设计等内容。建立项目库数据库表结构 44 张，共计字段 490 个。

数据结构字典设计示意见表 7.1 和表 7.2。

表 7.1　数据结构字典设计示意——现有开发效果评价方法表

库表名称	表显示名称	序号	列显示名称	库字段名称	主键	允许空值	字段类型	字段宽度	小数位数
CQ_YCPARAM	现有开发效果评价方法	1	油藏 ID	PROJECT_ID	TRUE	不允许	nvarchar	256	
CQ_YCPARAM	现有开发效果评价方法	2	日期	RQ	TRUE	不允许	nvarchar	256	
CQ_YCPARAM	现有开发效果评价方法	3	空气渗透率	KQSTL	FALSE	允许	float	20	2
CQ_YCPARAM	现有开发效果评价方法	4	地质储量	DZCL	FALSE	允许	float	20	2
CQ_YCPARAM	现有开发效果评价方法	5	年产油量	NCYL	FALSE	允许	float	20	2
CQ_YCPARAM	现有开发效果评价方法	6	累计产油量	UCYL	FALSE	允许	float	20	2
CQ_YCPARAM	现有开发效果评价方法	7	含水	HS	FALSE	允许	float	20	2
CQ_YCPARAM	现有开发效果评价方法	8	水驱储量控制水平	SQCLKZCD	FALSE	允许	nvarchar	256	

表 7.2　数据结构字典设计示意——油藏地质参数表

库表名称	表显示名称	序号	列显示名称	库字段名称	主键	允许空值	字段类型	字段宽度	小数位数
CQ_YCDZCS	油藏地质参数	1	油藏代码	YCDM	TRUE	不允许	nvarchar	256	
CQ_YCDZCS	油藏地质参数	2	储量规模：地质储量	CLGM	FALSE	允许	float	20	2
CQ_YCDZCS	油藏地质参数	3	储层物性：渗透率	CCWX	FALSE	允许	float	20	2
CQ_YCDZCS	油藏地质参数	4	原油密度	YYMD	FALSE	允许	float	20	2
CQ_YCDZCS	油藏地质参数	5	孔隙度	KXD	FALSE	允许	float	20	2
CQ_YCDZCS	油藏地质参数	6	含油面积	HYMJ	FALSE	允许	float	20	2
CQ_YCDZCS	油藏地质参数	7	油品分类	YPFL	FALSE	允许	float	20	2
CQ_YCDZCS	油藏地质参数	8	含油饱和度	HYBHD	FALSE	允许	float	20	2

（2）数据接口程序设计与开发。

采用 PEOffice 软件中 DataEngine 模块成熟算法，实现底层数据库同 A2 数据库及动态监控库的实时对接，确保数据库的自动 / 手动更新。油藏智能诊断系统整体功能架构图如图 7.6 所示。

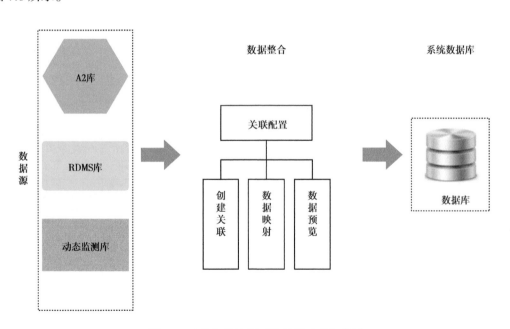

图 7.6　油藏智能诊断系统整体功能架构图

（3）搭建项目底层数据库。

底层数据库包括组织单元、地质单元、井信息、综合生产月数据、单井日数据等 15 张库表的建设，对接 A2、RDMS、动态监测数据库，提高后续功能应用及处理速度。数据库所建视图及关联关系如图 7.7 所示。

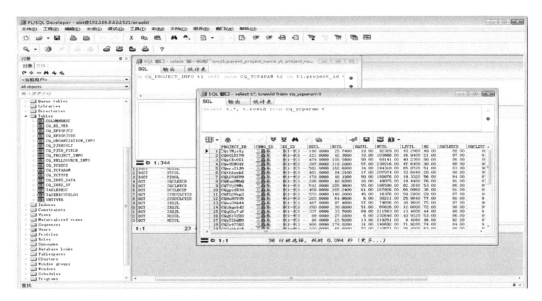

图 7.7　建立数据库所建视图及关联关系

7.2.2.2　系统总体设计

（1）整体功能框架设计。

为使各业务之间的衔接更为紧密，结合现场实际工作流程，合理设置系统功能架构，将智能诊断系统分为 4 个功能模块和 1 个系统管理模块。共设置一级功能 14 个，二级功能 32 个，部分二级功能还可细分为多个功能点。油藏智能诊断系统整体功能架构如图 7.8 所示。

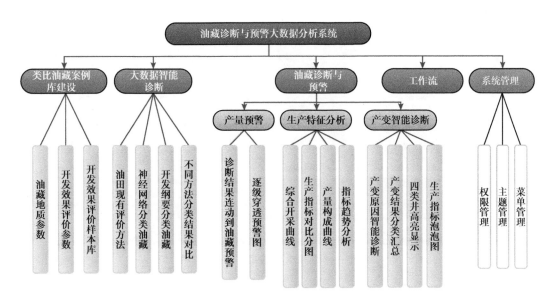

图 7.8　油藏智能诊断系统整体功能架构图

工作流定制：通过大数据智能诊断进行油藏分级，进而对分级的油藏进行油藏产量预警，对于重点关注的目标油藏开展生产特征分析、开发指标分析，在此基础上进行油藏产变智能分析，分析目标油藏各单井的增减产原因并汇总增减产结果。

（2）技术架构设计。

系统将采用 SOA 架构，将整个业务应用划分为数据层、业务逻辑层和表现层三层架构，是目前软件架构设计中最重要的一种结构。三层体系的软件系统将业务规则、数据访问、合法性校验等工作放到了业务逻辑层进行处理，客户端不直接与数据库进行交互，而是通过相关协议与业务逻辑层建立连接，由业务逻辑层与数据库进行交互。

①数据层。

数据层主要是对原始数据（数据库、数据文件等存放数据的格式）、中间数据、成果数据进行操作，为业务逻辑层提供数据服务。

②业务逻辑层。

业务逻辑层主要是针对具体业务逻辑的处理，实现了业务规则的制定、业务流程的实现等与业务需求相关的系统设计。其主要构成部分包括模型算法库、功能池、通用服务、GUI、第三方功能等部分构成。该层在整个架构中起到了承上启下的作用，对于数据层而言，它是调用者，对于表现层而言，它是被调用者。

③表现层。

在表现层采用了 B/S 的展现形式，主要通过具体的功能界面向用户显示数据、成果，为用户提供一种交互式操作的界面，涉及所有的计算分析逻辑都通过业务逻辑层实现。其主要涉及的功能分为四大部分：类比油藏推荐、油藏开发水平评价、油藏诊断与预警、系统管理。

采用三层架构后，主要优点包括两方面：一是有利于系统研发的标准化，可扩展性强，为智能油田的信息化建设奠定良好基础；二是后期维护时极大地降低了维护成本和维护时间。系统总体架构如图 7.9 所示。

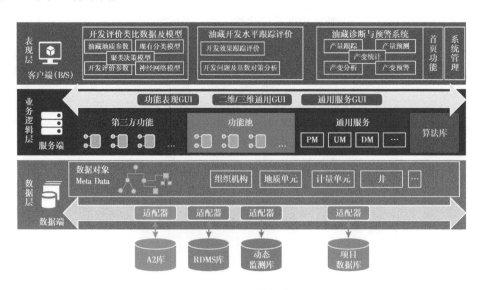

图 7.9　系统总体架构图

（3）操作界面设计。

智能诊断系统操作界面模式将在常规 B/S 架构的基础上对页面布局进行优化，采用 Vue.js 双向数据绑定技术开发，适用于大型 Web 系统，具有界面更友好、操作更便捷、可扩展性更强等特点。

主体操作界面主要由六部分组成：子系统、功能选择区、对象筛选区域、结果 GIS 图显示、分级结果展示区和界面切换驱动。智能诊断系统操作界面布局设计如图 7.10 所示。

子功能名称和目标油藏显示

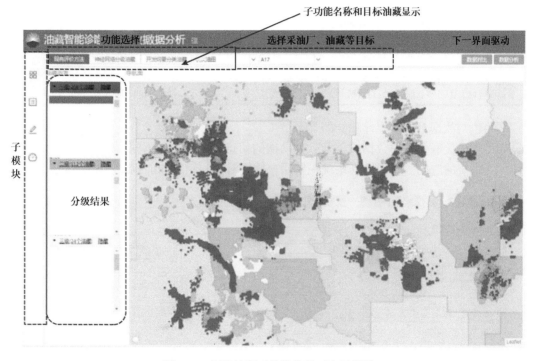

图 7.10　智能诊断系统操作界面布局设计

（4）权限管理设计。

由于智能诊断系统涉及用户较多，还有相关密保要求，因此需要通过对用户进行统一管理，来保障智能诊断系统的稳定运行。

①用户角色。

角色是具有相同的权限级别的一组用户。智能诊断系统的用户角色主要分为四类：超级管理员、管理人员、分析人员和项目数据库管理人员。不同用户角色权限见表 7.3。

表 7.3　油藏智能诊断系统不同用户角色权限内容

角色类型		权限内容	说明
超级管理员		可以在网站上创建用户、角色、分派权限、为角色分派模块、功能、数据对象等； 该权限级别不会自动分配给任何角色	由长庆油田数据公司项目管理人员担任
系统管理人员	研究院系统管理人员	所有应用分析类功能操作权限； 本单位产变原因结果更改，措施方案上传； 所有单位方案查询权限	研究院基于产变分析工作需求，指定 1~2 名管理人员
	各采油厂系统管理人员	所有应用分析类功能操作权限； 本单位产变原因分析结果、产变应对措施、措施方案上传权限； 本单位方案查询权限	各采油厂分三大业务方向指定 1~3 名管理人员

角色类型		权限内容	说明
分析人员	研究院分析人员	所有应用分析类功能的操作权； 全长庆油田公司的数据对象权限； 所有产变原因查询权限	除系统管理人员以外的用户
	各采油厂分析人员	所有应用分析类功能的操作权； 本单位数据对象权限； 本单位产变原因权限	除系统管理人员以外的用户
数据库管理人员		智能诊断项目数据库维护、灾备、恢复等	由长庆油田数据公司统一管理

②角色与数据对象及软件功能的关系。

通过配置关联角色与数据对象及软件功能的信息，即可实现不同角色在其权限范围内开展软件系统的应用。智能诊断系统配置用户数据对象和软件功能权限如图 7.11 所示。

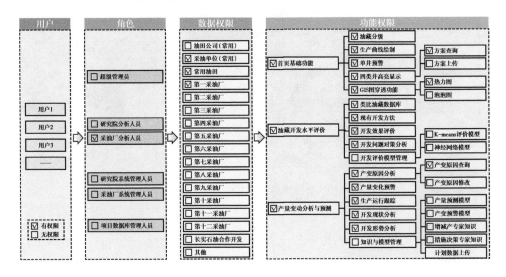

图 7.11　智能诊断系统配置用户数据对象和软件功能权限示意图

7.3　油藏开发水平跟踪评价

按照目标油藏的油藏地质性质、开发阶段等，从类比油藏库中智能检索相似的典型案例及其开发效果评价标准，应用类比模型算法包括 BP 神经网络算法、模糊评判方法、大数据分析技术并结合长庆油田现有评价方法，基于低渗透典型油气藏特征进行模型训练，优选模型参数，形成类比油藏特征模型库，从而对目标油藏的开发效果进行评价，并提供可供参考的开发技术调整对策。

（1）模糊评判法。

建立模糊评判系统，确定类似油藏推荐的优选模型的重要因素、权重和评分，确定目标油藏与案例油藏的相似程度，推荐开发经验、开发效果评价标准等，评价指标可以按实际情况选择，权重可以根据专家经验设定修改。

产量变化原因的诊断是 RIDEW 的一个难点，基于长庆油田 A2 库和 RDMS 库的现有的数据状况，采用多级分类分析与智能检索技术，可有效实现油井产量变化原因自动判断。

将油井增减产因素按照"由表及里，由粗到细"的原则划分为两个层级。然后，依据指标变化智能分析判断第一级和第二级的产变原因；第二级变化原因较为具体，仅仅依靠分级分析技术无法准确判断，因而引入了智能检索技术，在第一级判断的基础上基于产变原因决策树，从措施作业记录、措施日报数据信息中进行检索，从而精准找到油井产量变化的具体原因。减产井产量变化原因自动判断逻辑示意图如图 7.12 所示。

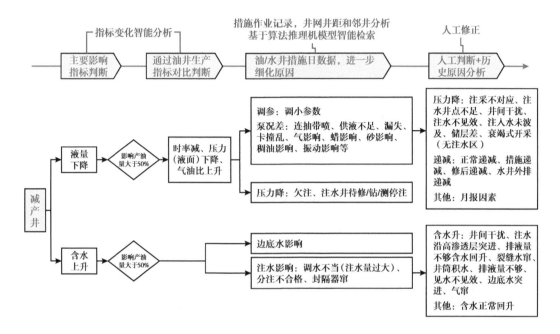

图 7.12　减产井产量变化原因自动判断逻辑示意图

由于多级分类判断，可有效缩小检索范围，因此采用两种方法相结合，可较大程度的提高油井产变原因判断的效率。

（2）神经网络方法。

根据类似油藏的相关参数进行学习，得到样本权重，完成目标区块的开发效果评价标准制定、开发技术政策推荐。

RIDEW 系统在数据处理设计、算法研究、系统功能设计等方面均采用了一些关键技术，有效保障了系统的运行效率和实用性。

目前，在人工神经网络的实际应用中，绝大部分的神经网络模型都采用 BP 网络。它也是前向网络的核心部分，体现了人工神经网络的精华。

BP 网络主要用于以下四个方面：

①函数逼近：用输入向量和相应的输出向量训练一个网络逼近一个函数。

②模式识别：用一个待定的输出向量将它与输入向量联系起来。

③分类：把输入向量所定义的合适方式进行分类。

④数据压缩：减少输出向量维数以便于传输或存储。

RIDEW 通过动态、动态＋静态相结合的组合方式来选择参与计算的指标，将神经网络应用到油藏分级中，准确率达到 83%，表现出良好的适应性。图 7.13 是神经网络油藏分级—动静态输入参数图，图 7.14 是 BP 神经网络油藏分级成果图。

图 7.13　神经网络油藏分级—动静态输入参数

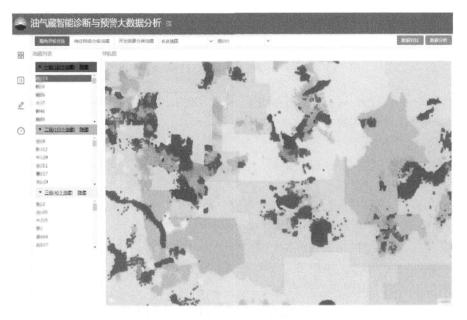

图 7.14　BP 神经网络油藏分级成果图

（3）大数据分析方法。

采用聚类分析、决策树、灰色关联等数据挖掘算法分析类比油藏库相应类比指标，对典型油气藏特征进行模型训练，优选模型参数，建立类比模型库，从而评价油藏开发效果。

在产量变化预警功能中，实现了面向 GIS 底图的产量变化情况的多级穿透查询。但是长庆油田井数众多（共有 6 万余口），给井级别产量变化情况的显示带来了很大挑战，为了提高显示效率，采用了动态加载技术，只加载当前界面范围井的信息，从而大幅提高了系统运行效率，使操作响应时间在 2s 以内，取得了良好的用户体验。图 7.15 是动态加载技术后井级别产量变化预警图。

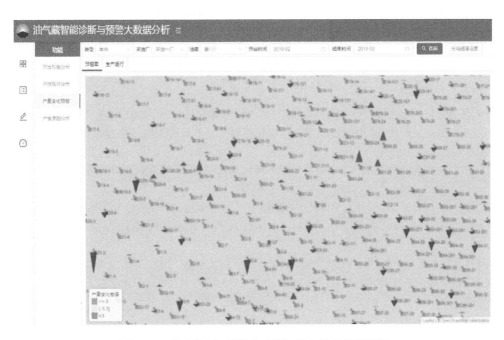

图 7.15　采用动态加载技术后井级别产量变化预警图

7.4　油藏诊断和预警

对油藏主要生产指标进行监控和预警，实现基于图形导航的油藏开发水平诊断与预警。以图形导航、图表联动及钻取的方式实现油藏变化原因自动推送和展现，对于开发水平下降的油藏实现产量变化井的自动统计、原因分析。

（1）主要生产指标监控及预警功能。

针对不同对象、主要生产指标（日产液量、日产油量、含水率）等进行统计、对比、跟踪分析，对超过预警阈值开发单元进行图形导航、图表联动式预警展示，并实现消息自动推送。

（2）预警指标体系与预警模型体系建立功能。

基于长庆油田油藏产量管理日常工作内容，确定预警指标，包括日产液量、日产油量、含水率等指标。采用专家经验及大数据挖掘算法，确定预警阈值。结合预警指标及预警阈值形成油藏预警模型，从而实现油藏诊断及预警。

（3）油藏变化原因分析功能。

依据油藏历史开发经验，类比油藏开发经验，建立油藏变化原因专家知识库，利用智能分析技术，依据生产日报、大事记等内容，自动判断产量变化原因，采用图形导航、图表联动的展示方式，提供产量变化原因的自动推送和展现。同时，为了保证分析结果的准确性，本功能还支持工程师人为修正和完善产量原因，将工程师的分析经验与分析结果也保存在知识库中，方便其他管理人员和分析人员查看。

（4）产量变化井自动统计功能。

依据油藏产量预警判断成果，分析产量下降油藏的变化井的，并实现自动统计及显示，了解油藏产量变化幅度、变化的原因，方便指导后期的调整措施及方案。

参 考 文 献

[1] 吴文盛. 我国石油资源安全评价与预警研究 [J]. 地质技术经济管理，2002（5）：13-18，27.

[2] 李凌峰，张斌，杜志敏. 中国石油安全危机预警研究 [J]. 石油天然气学报（江汉石油学院学报），2005（1）：308-310.

[3] 范秋芳，顾光彩，马扬. 石油企业生产经营系统监测预警指标体系和预警方法研究 [J]. 运筹与管理，2006（1）：105-110.

[4] 刘志斌，张锦良. 油田开发规划多目标产量分配优化模型及其应用 [J]. 运筹与管理，2004（1）：118-121.

[5] 常彦荣，李允，彭炎，等. 油田生产产量监控体系及预警系统 [J]. 西南石油学院学报，2006（3）：7，34-37.

[6] 牛琦彬，陈大恩. 油气企业经济预警系统研究 [J]. 天然气工业，2007（6）：136-138，163.

[7] 陈武，孙晓娜，谢丹凤. 油井综合利用率变动情况分析研究 [J]. 西南石油学院学报，2004（5）：77-79，90.

第8章 油气田产量预测与智能配产

"信息是 21 世纪的石油，而分析则是内燃机。"随着机器学习的发展，大数据分析方法在石油领域逐渐被应用在油气开发行业的各个子领域中。目前在油气领域中数据挖掘和人工智能技术主要被应用于生产控制和优化、信息预测和模型仿真中，例如利用基于神经网络模型预测油砂储层的气油比，寻找气油比的主控因素并优化生产设计，或者使用随机森林回归模型计算研究区储量的置信水平，完成勘探数据的预测。可见，数据分析在石油的勘探、开发、评价、生产、提高采收率等过程中都有重要的价值。

鉴于国内外的严峻发展形势，需要对我国石油储量和配产现状有着正确的认识，从整体出发合理预测石油产量，进行科学配产，提高决策的有效性与科学性。从而为国家整体能源发展方向提供一定的指导，对石油产业的持续发展起到促进的作用。油气开发是一项国际性系统工程，其显著特点是高技术、高投入、高风险。而在油气配产这项工作中，由于实际实施情况较为复杂，牵扯的范围广泛，受到的影响因素多。油气配产工作和油田人力、物力以及财产等资源的分配息息相关。因此，为实现油田公司的资源优化配置以及稳定可持续发展，油气产量以及资金的合理配置和应用需要采取科学的预测、决策方案，做到综合资源的合理配置、优化分配。

在油气田投入生产后，随着整个油气区块开发活动的不断进行，区块整体的特征也在不断发生着变化，如注水量、注气量、产气量、产油量以及井底压力等，这些不断变化的动态因素在油气藏的产量预测与生产措施的制定过程中起着重要的指导作用，对油气田开发的整体经济效益起着直接或者间接的影响。在油气田区块的实际开发中已包含很多成熟的动静态产量预测方法。虽然传统的模型在产量预测问题上已经取得一定的成果，但是这些方法均有其各自的短板，主要体现在适用的范围即区块特征不同，适用不同的油气田生产开发阶段，预测要求的条件及流程复杂程度不同等方面。相较于传统的动静态产量预测方法，使用机器学习方法预测油气田生产动态具有其天然的优势——无须公式推导与地质建模，数据直接来源于实际生产资料，有效避免人为因素干扰，提高产能和预测精度等。

如今，每个油田都有自己的数据系统，其中包含了大量地质和开发数据，为数据驱动的油藏分析提供了基础。在充足的数据基础上，再结合人工智能和数据挖掘的方法，就可以完成油田评价、钻完井优化、油藏管理、生产优化、业绩预测等。不同的数据具有不同的使用价值。例如储层的地质条件数据可以用于估算油田的资源量，并且能够决定油田总体开发方案；井的工程数据可以为新井的钻完井及压裂改造提供依据；生产数据可以帮助调整生产措施，为后续开发决策提供依据。油田采集到数据中包含了大量的隐藏信息，需要进行深刻挖掘才能在随机性中寻找确定性，将数据的作用发挥到最大。而机器学习方法具备强大的数据适应性，可以推广到不同的场景中，正逐渐成为油气大数据分析利用中的重要工具，可以为油田提供强大的数据仓库，让油田走向智能化。

石油企业的一项重要的基础性工作是在现有技术和资源下，合理预测来年的产量以及策划资金的投入。因此，如何运用机器学习方法，提高油田产量预测水平、提高油气产量，合理的构建油田配产多目标优化模型，实现对油田产量和资金投入量的科学规划和资源优化配置，并提高石油企业决策水平。这将是各大油田公司可持续发展的战略目标。

8.1 现状与研究动态

8.1.1 油气产量预测研究现状

油气资源产量与效益预测关系到油气行业的发展，在国家关于能源供需平衡的战略规划中起着重要作用。随着数据采集和处理技术的提高以及机器学习和人工智能技术的发展，油气产量预测研究也在不断进步。油气产量预测研究正在不断地发展和创新，采用多种方法和技术来提高预测精度和可靠性，为石油勘探开发提供更加科学、精准的决策支持。

（1）传统方法。

传统方法主要基于统计学和数学模型，如回归分析、时间序列分析、神经网络等。这些方法通常需要大量数据的统计分析和建模，但是在预测复杂的非线性系统时存在一定的局限性。

（2）机器学习方法。

机器学习方法可以通过训练大量数据来预测油气产量，其中包括监督学习、无监督学习和强化学习等。监督学习方法包括决策树、支持向量机、随机森林等，使用已知的输入和输出数据进行训练，预测未知的输出数据。无监督学习方法包括聚类和降维，可以识别数据之间的相似性和模式。强化学习方法则是通过试错学习来优化策略，适用于复杂的非线性系统。

（3）深度学习方法。

深度学习方法是机器学习的一种，通过多隐层神经网络进行非线性变换和特征提取，可以对复杂的数据进行建模和预测。常用的深度学习模型包括卷积神经网络、循环神经网络和长短时记忆网络等。这些模型在图像识别、自然语言处理等领域已经取得了很大的成功，也在油气产量预测中得到了广泛的应用。

（4）数据集成方法。

数据集成方法是将多个数据源的信息进行融合，以提高预测精度和可靠性。数据集成方法可以通过加权平均、模型融合等技术来实现。例如，可以将多个预测模型的输出进行加权平均，以得到更加准确的预测结果。

（5）智能优化方法。

智能优化方法将优化问题转化为搜索问题，通过搜索算法来寻求最优解。常用的智能优化算法包括遗传算法、模拟退火算法、粒子群算法等。这些算法可以用于优化预测模型的参数和超参数，从而提高预测精度和稳定性。

近年来，大数据、人工智能技术在智能油田中的运用成为热点话题，利用机器学习算法对油井产量预测开展了大量研究，应用多元回归分析、支持向量机、神经网络等方法建立了油井产量预测模型,实现了对油井日产量、初产或平均产量的预测。线性模型应用方面,谷建伟等[1]使用 LASSO 算法进行了油井动态日产量预测。章雨等[2]基于多元线性回归对环江油田长 6 储层各井日产油量进行预测。但各因素对油田产量的影响是非线性的,这些线性模型很难刻画。宋宣毅等[3]用灰狼算法优化支持向量机进行单井初期日产量预测,预测误差小于 12%,但支持向量机只适用于小样本的预测,当数据集比较大时,难以应用。神经网络的应用方面,李彦尊等[4]以美国 Eagle Ford 页岩油气田为例,用人工神经网络方法预测页岩油气动态日产量,预测精度达 90%。李智超等[5]用小波神经网络做油田年产油量预测,相对误差很低。陈娟等[6]用遗传算法优化了网络层,对长宁地区压裂后页岩气水平井日产气量进行了预测,平均误差 8.76%。神经网络模型的应用效果很好,但其可解释性差,无法解释那个因素是主要影响因素。还有相关学者利用长短期记忆网络和 ARIMA-Kalman 滤波器等建立了对油井产量的时间序列预测模型。例如,马承杰[7]使用长短期记忆神经网络进行油井动态日产量预测,相对于传统神经网络,长短期神经网络能更好地捕捉时间序列信息,进行动态产能预测,但仍然无法解决神经网络类模型解释性差的问题。2018 年,谷建伟等[8]用 ARIMA-Kalman 滤波器数据挖掘模型进行油井动态月产油量预测,但该方法考虑的因素比较单一,只考虑产量本身。2019 年,谷建伟等[9]使用长短期神经网络进行油井动态月产油量预测,平均误差仅为 1.46%。任燕龙等[10]用果蝇算法优化长短期记忆神经网络网络层进行油井动态日产油量预测,为神经网络参数调整提供了智能算法。传统机器学习在训练模型时忽略了输入特征数据间的内在联系,无法充分提取特征信息,同时模型需要拟合的参数过多,直接影响了模型的最终预测精度。针对传统机器学习的缺点,将深度森林算法应用于油井产量预测问题中,取得良好的效果[11]。油气产量预测是石油工业中的关键问题之一,对于提高石油勘探开发的效率和经济效益具有重要意义,值得深入进行研究。

8.1.2 油气配产研究现状

油气配产是指根据油气田的地质条件、工艺参数、市场需求和环保要求等因素,合理配合各种开采工艺和工具,以达到最大化油气产量和最优化油气品质的目的。随着石油工业的发展,油气配产研究越来越受到关注。油气配产是石油勘探开发过程中非常重要的一环,对于提高勘探开发效率和经济效益具有重要意义。油气配产可以优化油气资源的开发利用,提高产量和品质,减少成本和环保压力,促进石油产业的可持续发展。

(1)油气配产方法概要。

油气配产的方法包括经验法、模拟计算法和优化方法等。经验法主要是依据经验和规律进行配产,具有实践意义和可操作性。模拟计算法是基于油气田的地质条件和工艺参数,通过计算机模拟来进行配产分析和优化。优化方法是利用数学优化理论和方法,对油气配产问题进行建模和求解,以得到最优解。

(2)油气配产的关键问题。

油气配产的关键问题包括油气田的地质条件、开采工艺和工具、市场需求和环保要求。在油气配产中,需要考虑油气田的地质构造、油气藏类型、油气储量和产层厚度等因素,以确定最适合的开采工艺和工具。同时,还需要考虑市场需求和环保要求,以保证油气产量和品质满足市场需求,同时减少环保压力。

（3）油气配产的技术支持。

油气配产的技术支持包括地质勘探技术、油气田开采技术、油气藏数值模拟技术、数据挖掘和人工智能技术等。地质勘探技术可以提供油气田的地质和地貌信息，以指导油气配产。油气田开采技术可以提供开采工艺和工具的选择和设计。油气藏数值模拟技术可以模拟油气藏的地质构造和流动规律，以评估不同开采方案的效果。数据挖掘和人工智能技术可以处理大量数据，分析油气配产的关键问题，提高配产决策的精度和效率。

（4）油气配产的发展趋势。

油气配产的发展趋势是向智能化、数字化和绿色化方向发展。智能化是指利用人工智能和自动化技术来处理大量数据，分析油气配产的关键问题，提高配产决策的精度和效率。数字化是指利用数字化技术来建立油气田的数字模型，以实现数字化勘探开发管理。绿色化是指在油气配产中充分考虑环保要求，采用低碳、清洁和可持续的开采工艺和工具，以减少对环境的影响。

（5）油气配产的应用案例。

油气配产已经在实际应用中得到广泛的应用。例如，中国石油天然气集团有限公司在深入研究油气藏物性和流动规律的基础上，采用先进的水平井和压裂技术，实现了煤层气的高效开采和利用。另外，美国埃克森美孚公司通过数字化勘探开发管理的方式，实现了油气田的全面数字化管理和优化配产。这些案例表明，油气配产技术已经成为石油勘探开发中不可或缺的一环，对于提高勘探开发效率和经济效益具有重要意义。

总结相关文献中关于配产问题的研究，实际上可以分为两类配产问题：一类是基于微观的油气藏、井筒、管网的约束，侧重于求取单井合理的产量；另一类是基于宏观油气田产量或经济目标，优化油气藏之间的产量分配，以获得集团公司或整个油气田最高经济价值。本文将两种求取合理配产的方法进行分类总结[12]。

（6）有关单井的微观配产研究。

关于气井配产的研究。目前较多研究集中于单井点合理产能的求取。如1989年Smith[13]应用井底流压、产量进行数学运算，得到产能方程，以地层状况、气量需求为依据，提出气井配产包括三种情况：无阻流量、固定日产量、恒定回压下气井产量。1996年Howesd等[14]基于水驱气藏综合分析理论进行数学运算，得到水驱气藏气井管网的动态分析关系式，并明确了该公式的使用条件。国内如孙贺东等[15]对单井产能进行研究，在充分利用试气、试井、气田试采以及长期生产数据、产气剖面、出砂压差等动态数据，并结合测井等静态数据的基础上，提出了一套通过理论公式和经验公式相结合方便地确定单井产气方程和无阻流量的新方法。

一些综合性的研究也在开展，基于单井产能同时考虑更多油气藏、井筒、设备条件限制进行研究，如1998年唐海等[16]以节点分析为基础建立起的动态优化配产方法，考虑了生产时间对地层压力、气体性质以及井底积液、底水锥进、地层垮塌、最小经济产量和计划产量等外在因素等对气井（藏）合理产量的影响。如2012年冯曦等[17]，通过对产能方程、井筒管流和井控储量三因素耦合分析，计算绘制不同配产条件下油压、产量与无阻流量比值、生产压差与地层压力比值随生产时间变化的关系图版，能较好地预测不同配产条件下气井的极限稳产时间，以及稳产后期的产能潜力状况，为优化配产提供了实用性较强的技术参考。一些设备如加热炉等对配产也有影响，如 2016 年杨晓丽等[18]通过对气田天然气加热炉的运行情况进行分析与计算，建立一套适应性强的调产参数计算模型，保证在调产后不会生成水合物，天然气加热炉燃烧用气量最低，获得最大的经济效益。

一些新的技术方法也在逐步被引入配产研究，如 2016 年张海波等[19]通过对苏 X 区块动静态等认识，结合生产动态，划分流动单元，分类制定了相应的生产技术政策。在此基础上，采用解析方法和数值方法定量确定了苏 X 气井合理配产，优化了该气井的合理工作制度。

在软件编制方面也进行有益的探索，如 2003 年廖勇等[20]根据气井动态优化配产的目标，从软件工程的角度出发，根据上述三个目标建立动态优化配产模型，并转化为软件系统，实现了基于 UML 的气井（藏）动态优化配产软件系统。

从研究现状看，气井的配产研究重点集中在如何确定单井产能、确定单井的控制储量及单井生产的约束条件。单井的产能主要由油气藏物性条件决定，单井的约束条件受到的影响因素较多，包括构造、岩石胶结程度、油水关系、井深结构、管网限制、水合物结蜡及钻完井等的影响，随着油气藏的生产变化，油气藏的压力饱和度等都在发生变化，单井的产能也在随之发生变化。预测单井的产能、制定合理的配产方案，需要对油气藏的压力和饱和度变化进行合理的预测。预测油气藏的变化规律常用方法包括物质平衡方程和数值模拟方法。井筒、管网、设备等对单井配产也有影响，单井的产量互相制约，从井底到分离器到油气处理厂，流体的压力、温度发生大幅度的变化，需要建立模型描述流体在各个环节的温度、压力、流量等。

（7）有关水井配注研究。

在油藏的研究中，较多研究集中水井配注的研究上。大量研究主要通过统计或推导主要注采指标之间的关系，考虑纵向平面注水平衡和剩余油分布情况，基于均衡驱替方式进行配注。如 2010 年贾晓飞等[21]推导了采出程度与累计注入水体积之间的定量关系。按照小层剩余储量分布规律，以提高注水波及效率和剩余油动用程度为目标，建立了基于剩余油分布的分层注水井各小层合理配注量计算新模型。如 2003 年上官永亮等[22]通过研究提出了合理配注预测的方法，并建立了合理配注优化数学模型，为新老注水井之间的水量劈分提出了新的计算方法，为油田调整方案的编制提供了理论依据，最终实现了区块注水井在各层系上的动态合理配注。

一些研究数学优化方法被引入，筛选配注方案。如 2015 年万茂雯[23]提出以实现全区产油量最大化为目标的全区油藏配产配注方法，采用非线性最优化方法，优化各单井的产量。如 2019 年马奎前等[24]根据储层采出程度与注入孔隙体积倍数的关系，利用迭代法对各层注水量进行重新分配，以实现油田各层采出程度相同的均衡驱替目标，从而形成一种基于层间均衡驱替的注水井分层配注新方法。

一些研究逐步基于数值模拟模型对优化配注方案进行研究，如 2010 年王建君等[25]以动静结合的方法，以数模为手段，根据注采平衡，确定平面配注，结合垂向配注，最终确定注水井在每个层上的合理注水量。配注研究越来越综合，出现数学优化方法和数值模拟相结合的方法对配注方案进行研究，如 2019 年范海娇等[26]分别针对二三结合模式下的水驱与化学驱进行正交方案设计，并对单井日配产配注量进行数值模拟和多元回归分析，确定了二类、三类油层单井各层段的合理注水量公式。采用井组注采平衡和地层系数劈分的配产方法，计算出单井各层段产液量。

（8）有关油气藏之间的宏观配产的综合研究。

当前的宏观配产是在整个油气藏、多个油气藏或油公司的产量或经济目标为目标函数，考虑单个油气田的产量限制、生产成本等约束条件，采用遗传算法线性规划等数学优化方法为算法进行计算，求取区块最佳配产。如 1999 年雍岐东等 [27] 提出一种能考虑非均质性的渗流模型，建立成组气田的开发大系统的一体化模型与优化模型，提出了网格加速乘子法解算大系统非线性优化模型，解决成组气田的大系统规划和决策方法研究问题。如 2004 年宋艳波等 [28] 根据生产经营实际数据资料整理分析，拟合出成本与累计效益之间的函数关系表达式，以股份公式总体经济效益的最优解为总目标，各分公司开发效益最优解为分目标，以获得满意的权衡解为协调策略，建立了交互式多目标规划模型；改进和发展了多元函数的一种交互式多目标规划模型的算法。

8.2　产量预测与智能配产系统设计

随着油田信息化建设和大数据分析技术的发展，使用大数据分析方法进行油井产量预测已成为行业发展的必然趋势。按照配产"三步法"要求，依据油田生产历史数据，通过大数据分析方法优选特征参数，应用机器学习相关算法构建油田智能配产模型，自动预测产量变化规律和趋势，为科学配产配注提供依据。通过建立适应不同开发阶段的油藏智能诊断模型，针对不同开发阶段的产量变动超常自动进行产量预警报警，并能够智能分析产量变动的原因，辅助油田生产优化系统，帮助油田管理者及时采取必要措施，保证油田运行的稳定与稳产。

中国石油长庆油田公司主营鄂尔多斯盆地油气及伴生资源的勘探、开发、生产、储运和销售等业务，工作区域横跨陕西、甘肃、宁夏、内蒙古、山西等 5 省（自治区）15 个市 61 个县（区、旗），勘探开发面积 $20 \times 10^4 km^2$。据统计，截至目前，长庆油田已高质量高效益成功开发了 35 个油田，日产原油水平超过 $6.7 \times 10^4 t$，实现 20 年连续稳步增产。作为我国第一大油气田，筑牢了二次加快发展的根基。

目前长庆油田在生产配产时主要采用"三步法"，由老井自然产量、增产措施产量、上年产建井产量、当年新井产量等四部分构成，通过计算自然递减率、新井到位率和贡献率等关键指标，把握产量变化规律，预测出下年度产量。需要油田开发事业部、研究院、采油厂共同参与完成，最终形成产量计划。随着油气资源的劣质化，新发现的储量建产效果逐年变差，油井产量递减快且受影响因素多，传统"三率"（贡献率，到位率，递减率）的趋势很难预测，因此已经很难满足中长期规划要求，更无法做到精准预测和精细化要求。随着大数据、人工智能技术的飞速发展，使用机器学习方法进行油井产量预测已成为行业发展的必然趋势。为满足日益复杂的业务需求，结合高科技迅猛发展的态势，构建了油气田产量预测与智能配产系统——FPPIA（Field Production Prediction & Intelligent Allocation）。FPPIA 以配产"三步法"为基础，通过大数据分析方法优选特征参数，应用机器学习算法构建油田智能配产模型，自动预测产量变化规律和趋势，为科学配产配注提供依据。FPPIA 系统实现功能与技术路线如图 8.1 所示。

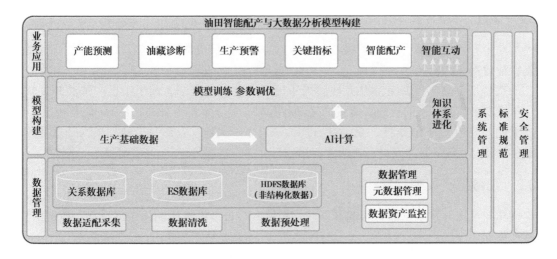

图 8.1　技术路线

以油藏、作业区为单元，研发"三步法"自动配产功能，并应用人工神经网络算法，对历史生产数据进行机器学习，构建油藏递减率、到位率、贡献率等智能预测模型，自动生成厂处、作业区配产计划，实现配产"业务标准化、流程标准化、运行标准化"的管理新模式。运用大数据技术挖掘分析长庆油田某区块的油井产量等多维度数据，构建基于机器学习和深度学习的人工智能预测模型，预测区块潜力和产油量等主要指标的发展趋势，为油藏开发的区块产能规划和配产规划等提供智能化和高效分析手段，未来逐步建成为油藏开发规划的辅助决策支持平台。

按照油 FPPIA 实施要求，整个大数据平台包括数据管理、关键指标模型构建、智能配产模型构建和油藏诊断模型构建四个部分。数据管理是基于外部数据源进行数据融合建立了平台的基础部分，构建模型是 FPPIA 的核心，是能力部分。

在数据管理部分，通过在数据资源建设的基础上，获取所需要的数据资产，通过数据加工，存储于大数据平台之中。平台不必建立和存储全部数据的集合，在需要访问原始数据时，通过建立链接进行访问。

大数据分析模型构建部分，将综合考虑油藏地质、开发等因素，利用建成的长庆油田油藏诊断知识库系统（油藏类比数据库和产变原因知识库），以建立适应不同开发阶段的油藏智能诊断模型；关键指标模型构建是以单井为分析对象，构建老井、新井、措施产量为基础的预测模型，逐级汇总形成油藏、作业区、厂处配产计划，进而实现配产业务场景的智能化。智能配产模型构建是根据油田生产历史数据，通过大数据分析手段优选特征参数，应用机器学习相关算法构建智能配产模型，进而对油藏、作业区、厂处配产计划进行验证或者修正，最终使预测结果更加精准。

8.3　智能配产模型预测

根据油田生产历史数据，通过大数据分析手段优选特征参数，应用机器学习相关算法构建智能配产模型。

8.3.1 采油厂配产模型构建

与油田开发事业部、石油开发一室对接，综合考虑长庆油田数据现状，梳理出采油厂动态特征数据 30 项。

动态特征：当年投产采油井井数、当年投产采油井月产油、前 1 年投产采油井井数、前 1 年投产采油井月产油、前 2 年投产采油井井数、前 2 年投产采油井月产油……前 10 年投产采油井井数、前 10 年投产采油井月产油、总生产天数、自然月天数、采油井总井数、油藏注水井总井数、月注入量、含水率、措施总井次、措施月增油。预测目标：月产油。

8.3.2 油藏配产模型构建

同样与油田开发事业部、石油开发一室对接，综合考虑长庆油田数据现状，梳理出油藏特征数据 45 项。

静态特征：开发层位、油气田、油藏类型、井网形式、井排距、原油地质储量、可采储量、含油面积、原始气油比、原油体积系数、地层温度、岩石压缩系数、初始地层压力、饱和压力地层温度、平均孔隙度、空气渗透率、含油饱和度、束缚水饱和度、地层原油黏度、原油密度、生产层位中深（垂深）、平均有效厚度、变异系数、分选系数。

动态特征：当年投产采油井井数、当年投产采油井月产油、前 1 年投产采油井井数、前 1 年投产采油井月产油、前 2 年投产采油井井数、前 2 年投产采油井月产油……前 10 年投产采油井井数、前 10 年投产采油井月产油、总生产天数、自然月天数、采油井总井数、油藏注水井总井数、月注入量、含水率、措施总井次、措施月增油。预测目标：平均日产油。

在进行模型训练之前需要进行特征工程分析，因为数据特征会直接影响所使用的预测模型和实现的预测结果。准备和选择的特征越好，则实现的结果越好。影响预测结果好坏的因素包括可用的数据、特征的提取。取用了三种算法的交集特征，并且发现油藏的静态特征都被特征工程排除了。经过特征工程递归特征消除算法（RFE）、完全随机树算法算法（ETC）、单变量特征选取算法（SKB）三种算法共优选 17 项特征，取其并集获取特征项数据作为模型构建的输入数据。算法优选 17 项特征如图 8.2 所示。

塞6——RFE算法结果前17个特征		塞6——ETC算法结果前17个特征		塞6——SKB算法结果前17个特征	
当年产量	1	含水率	0.042699032	月注入量	705399380.9
前1年产量	1	前4年产量	0.041155004	生产天数	2064134.453
前2年产量	1	采油井井数	0.04049606	前10年以及以前产量	1589782.942
前3年产量	1	前1年产量	0.040364443	注水井井数	1527274.582
前4年产量	1	月注入量	0.040168818	前2年产量	1214242.796
前5年产量	1	注水井井数	0.036483436	前4年产量	1168894.998
前6年产量	1	前3年产量	0.03634974	前3年产量	1158685.596
前7年产量	1	前2年产量	0.035756656	前5年产量	1134212.471
前8年产量	1	生产天数	0.035743945	前6年产量	1046990.276
前9年产量	1	前7年产量	0.035661198	前1年产量	1032585.272
前10年以及以前产量	1	前6年产量	0.035220366	前8年产量	966890.5831
采油井井数	1	前8年产量	0.033969574	前9年产量	929404.5972
生产天数	1	前5年产量	0.033716294	前7年产量	915306.7774
注水井井数	1	自然月天数	0.032334112	当年产量	829177.9501
新井月产油	1	新井井数	0.031899996	新井月产油	829177.9501
原油地质储量	1	前10年以及以前产量	0.031732805	措施月增油	516755.7556
措施月增油	1	当年产量	0.031422	采油井井数	66324.37808
		当年井数	0.030923009	前10年以及以前井数	46820.47263

图 8.2　算法优选 17 项特征

在第一采油厂中选取了 31 个油藏，第一次采用深度学习长短期记忆神经网络 LSTM 算法进行模型，对于源数据质量合格的油藏，有 85% 的预测模型符合度（相关系数）达到了 80% 以上，76% 的油藏模型预测准确率达到了 80%。

第二次选取 5 个油藏，分别是塞 21、塞 130、塞 169、塞 6、塞 160。采用线性回归算法对这些油藏进行模型训练，预测结果见表 8.1。

表 8.1　油藏模型预测结果

油藏名称	长短期记忆神经网络算法		线性回归算法	
	相关系数 /%	平均绝对百分误差 /%	相关系数 /%	平均绝对百分误差 /%
油藏 1	97.26	2.76	94.00	2.35
油藏 2	92.62	4.21	97.90	1.20
油藏 3	74.93	9.78	99.20	2.15
油藏 4	92.18	10.89	99.20	2.60
油藏 5	92.44	9.25	99.20	2.15

综上所述，无论是对采油厂还是油藏进行模型训练时，采用线性回归算法比长短期记忆神经网络算法模型训练的准确度高。其次由于长庆油田大部分油藏都是新建产能，历史训练数据不多，所以导致采用长短期记忆神经网络算法训练模型时准确度普遍很低。另外在采用长短期记忆神经网络算法在进行训练时，需要依赖很多高配服务器资源，训练时间还很长，所以在智能配产里面不建议采用长短期记忆神经网络算法训练模型，而是建议采用线性回归算法。

8.3.3　油藏预测模型分析

对第一采油厂的 38 个油藏进行了智能配产模型构建，目前有 16 个油藏预测准确率不足 80%，其中包括午 237、沿 5、候 104、塞 407、塞 1、塞 175、沿 32、高 52、高 43、谭南 410、午 38、采一安塞试采、塞 401、桥 208、沿 10 和真 6。

以沿 5 油藏为例，模型训练数据都是以 2018 年 12 月之前的数据作为模型训练数据，在 2019 年后，2016 年的批次井突然由不足 100t 的月产油突然在 2020 年超过 200t 月产油，而其他批次井月产油占总比值很低。导致预测误差很大，建议此种油藏根据业务分析单个批次井的月产油做线性回归预测，而不适合用深度神经网络方法来进行预测。

以沿 32 油藏为例，沿 32 因为模型训练数据都是以 2018 年 12 月之前的数据作为模型训练数据，因此在 2019 年开始之后新井产量与新老井产量剧增，其 2019 年新井产量占总产量 40%~50%。因此预测误差较大。这也是之前提出预测时要加入新井开井数等几项关键值的原因。

8.4　关键指标模型预测

关键指标模型构建按照配产三步法要求，以单井为分析对象，构建了新井、老井、措施井月增油产量预测模型，逐级汇总形成油藏、作业区、厂处配产计划，为三步法配产提供参考，辅助传统算法的配产方法。相关预测参数见表 8.2。

同样与油田开发事业部、石油开发一室对接，综合考虑长庆油田数据现状，梳理出关键指标各种小场景特征参数。

表 8.2　相关预测参数

分类	特征参数	预测目标值
新井（定向井）	定向井井数、定向井生产天数、定向井月产油	平均单井日产油
新井（水平井）	水平井长度、水平井生产天数、水平井月产油	平均单井日产油
老井	前 5 年投产采油井井数、前 5 年投产采油井月产油……前 10 年投产采油井井数、前 10 年投产采油井月产油、总生产天数、自然月天数、采油井总井数、油藏注水井总井数、月注入量、含水率、措施总井次、措施月增油	月产油
措施井（酸化）	酸化总井次、酸化天数、酸化生产天数、酸化月增油	酸化日增油
措施井（压裂）	压裂总井次、压裂天数、压裂生产天数、压裂月增油	压裂日增油

8.4.1　定向井指标预测

采用机器学习线性回归算法、多元非线性回归算法对第一采油厂五个油藏定向井分别进行模型训练，预测 2020 年 1 月至 12 月平均单井日产油。线性回归与多元非线性回归预测建模效果对比见表 8.3。

表 8.3　2020 年平均单井日产油预测

油藏名称	线性回归算法		多元非线性回归算法	
	相关系数 /%	平均绝对百分误差 /%	相关系数 /%	平均绝对百分误差 /%
油藏 1	96.40	18.29	94.00	16.14
油藏 2	96.90	13.83	95.80	7.63
油藏 3	97.50	19.04	96.80	22.31
油藏 4	99.90	32.25	99.90	36.12
油藏 5	96.70	10.04	98.60	5.91
平均值	97.48	18.69	97.02	17.62

以塞 6 油藏为例，预测 2020 年投产满 1 个月到 12 个月的平均单井日产油结果见表 8.4。

表 8.4　2020 年平均单井日产油预测（定向井）

投产满 N 个月	真实值 /t	线性回归预测 /t	多元非线性回归预测 /t
2020 年满 1 个月	2.207	1.485078692	1.431235671
2020 年满 2 个月	2.3641	1.705644846	2.048141003

续表

投产满 N 个月	真实值 /t	线性回归预测 /t	多元非线性回归预测 /t
2020 年满 3 个月	2.5376	1.701158762	2.051394939
2020 年满 4 个月	2.0432999	1.538905025	1.725341558
2020 年满 5 个月	1.8312	1.429663658	1.509931087
2020 年满 6 个月	2.0157001	1.444785357	1.529661775
2020 年满 7 个月	1.762	1.375763535	1.387374997
2020 年满 8 个月	1.215	1.239223838	1.09365356
2020 年满 9 个月	1.2359	1.256166816	1.120103598
2020 年满 10 个月	1.2668999	1.248239517	1.102918983
2020 年满 11 个月	1.2577	1.256289959	1.096124172
2020 年满 12 个月	0.98	1.214892864	1.003620625

从结果上看两种算法预测的趋势都差不多，采用多元非线性回归算法的平均绝对百分误差比线性回归算法的平均绝对误差小。

8.4.2　水平井指标预测

以油藏 D 为例，采用机器学习线性回归算法、多元非线性回归算法对第一采油厂两个油藏新井水平井进行模型训练，选取最好模型分别预测每口水平井投产前 6 个月的平均单井日产油。线性回归与多元非线性回归预测建模效果对比见表 8.5。

表 8.5　水平井预测结果对比

井名称	单井日产油实际值 /t	线性回归算法预测 /t	差值	多元非线性回归算法预测 /t	差值
水平井 1	3.77	3.85	0.08	3.79	0.02
水平井 2	4.75	4.99	0.24	5.16	0.41
水平井 3	4.81	5.23	0.42	5.15	0.34
水平井 4	4.15	4.37	0.22	4.52	0.37
水平井 5	3.64	3.66	0.02	3.82	0.18
水平井 6	4.79	4.63	-0.16	5.49	0.7

从结果上看采用多元非线性回归算法预测的趋势比线性回归算法预测的趋势更好，而且采用多元非线性回归算法的平均绝对百分误差比线性回归算法的平均绝对误差更小。

8.4.3　老井指标预测

根据对老井生产数据分析，以第六采油厂2018年前老井数据为试点，在业务专家研究的基础上，应用指数递减算法对老井的产油规律进行了预测。传统方法预测的结果如图8.3所示。

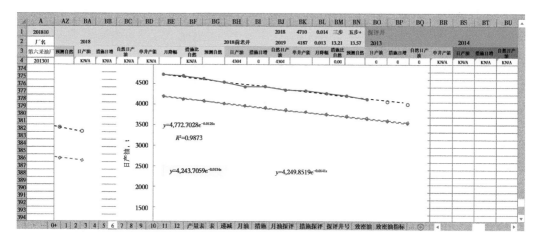

图8.3　传统方法预测结果

通过应用指数递减思想，内部采用最小二乘法和最优化理论，对最优化公式各系数求偏导得到一个二元一次线性方程组，最后解这个方程组的未知数得到需要的指数递减公式。最后得出采用手动推导模型预测结果的r平方比传统预测结果的r平方更高，传统方法和手工推导模型结果对比如图8.4所示。

生产时间	序号	日产油	预测近似值	预测值	差值		传统预测近似值	传统预测值	差值
201712	0	4710	4670	4669.818	40		4773	4772.7028	63
201801	1	4677	4633	4632.608517	44		4712	4711.530385	35
201802	2	4603	4596	4595.695523	7		4651	4651.142026	48
201803	3	4541	4559	4559.076654	18		4592	4591.527674	51
201804	4	4474	4523	4522.749567	49		4533	4532.677407	59
201805	5	4492	4487	4486.711938	5		4475	4474.581432	17
201806	6	4442	4451	4450.961459	9		4417	4417.230081	25
201807	7	4425	4415	4415.495843	10		4361	4360.613812	64
201808	8	4381	4380	4380.312819	1		4305	4304.7232	76
201809	9	4366	4345	4345.410137	21		4250	4249.548947	116
201810	10	4296	4311	4310.785562	15		4195	4195.081871	101
201811	11	4236	4276	4276.436879	40		4141	4141.312906	95
201812	12	4191	4242	4242.361889	51		4088	4088.233106	103

r2 = 0.9623343576566428　　　　r2 = 0.7761468408270804

图8.4　传统方法和手工推导模型对比结果

采用指数递减预测方法只能对每年的老井预测有用。如果想要分析前两年月产油、前三年月产油、前N年月产油、注水量分别对平均日产油有多少贡献的话采用以上算法是无法实现的。以塞130油藏为例，整理的老井数据如下图8.5所示。

生产年月	前2年总井数	前2年月产油	前3年总井数	前3年月产油	前4年总井数	前4年月产油	前5年总井数	前5年月产油	前6年总井数	前6年月产油	前7年总井
2008-10-01	15	919	32	1971	46	2433	56	3950	19	1863	0
2008-11-01	15	920	32	1950	46	2386	56	3854	19	1916	0
2008-12-01	15	943	32	1953	46	2384	56	3874	19	1845	0
2009-01-01	0	0	15	820	32	1692	46	2181	56	3262	19
2009-02-01	0	0	15	728	32	1509	46	2006	56	2989	19
2009-03-01	0	0	15	783	32	1661	45	2221	56	3247	19
2009-04-01	0	0	14	800	32	1637	45	2068	56	3126	19
2009-05-01	0	0	14	844	32	1616	45	2241	55	3233	18
2009-06-01	0	0	14	804	32	1622	43	2181	55	3153	18
2009-07-01	0	0	14	775	32	1755	45	2188	55	3170	18
2009-08-01	0	0	15	758	32	1826	45	2194	54	3090	18
2009-09-01	0	0	15	687	32	1653	45	1999	55	3103	18
2009-10-01	0	0	15	716	32	1617	45	1969	53	3155	18
2009-11-01	0	0	15	704	32	1520	45	1961	52	3071	19
2009-12-01	0	0	15	728	32	1684	45	2182	53	3529	19
2010-01-01	0	0	0	0	15	619	32	1522	45	2031	55
2010-02-01	0	0	0	0	15	560	32	1426	45	1794	55
2010-03-01	0	0	0	0	14	604	32	1519	45	2033	55
2010-04-01	0	0	0	0	14	577	32	1481	45	1926	54
2010-05-01	0	0	0	0	13	590	32	1672	45	2061	54
2010-06-01	0	0	0	0	13	577	32	1563	45	1964	54
2010-07-01	0	0	0	0	13	640	32	1713	45	2175	54
2010-08-01	0	0	0	0	14	711	32	1742	45	2320	54
2010-09-01	0	0	0	0	14	652	32	1641	45	2286	54
2010-10-01	0	0	0	0	14	674	32	1638	45	2292	54

图 8.5　某油藏老井数据

采用了线性回归算法，模型训练结果见表 8.6。

表 8.6　模型训练结果

油藏名称	相关系数 /%	平均绝对误差
油藏 1	99.90	1.43
油藏 2	100	0.8
油藏 3	99.80	6.44
油藏 4	96.90	12.25
油藏 5	99.10	0.35

各个油藏前 2 年月产油、前 3 年月产油、前 N 年月产油、月注水量、含水率等特征对平均日产油的贡献情况见表 8.7。

表 8.7　各个油藏日产油贡献权重

油藏												
油藏 1	前2年月产油	含水率	前3年月产油	月注水量	总生产天数	前4年月产油	前5年月产油	前7年月产油	前6年月产油	前8年月产油	前9年月产油	前10年月产油
	0.03112	-0.20458	0.03202	-0.00011	0.00223	0.03371	0.0327	0.03238	0.03139	0.03267	0.03226	0.03212
油藏 2	措施月增油	总生产天数	含水率	前10年月产油	月注水量	前10年总井数	前9年月产油	总井数	前8年月产油	措施总井次	自然月天数	前2年月产油
	0.00122	-0.03713	-0.11897	0.0345	0.00000217	-0.43362	0.02186	1.48055	0.01762	-0.03772	-4.00454	0.01334
油藏 3	前3年月产油	月注水量	总井数	总生产天数	含水率	前4年月产油	前2年月产油	注水总井数	措施月增油	前4年总井数	措施总井次	自然月天数
	0.01498	-0.00055	1.01824	-0.01366	0.38465	0.05361	0.03727	0.53403	-0.05819	-1.37821	0.39506	-1.92678
油藏 4	前3年月产油	措施总井次	月注水量	前4年月产油	总生产天数	前8年月产油	措施月增油	前7年月产油	前2年月产油	前6年月产油	前5年月产油	总井数
	0.03338	-0.04402	0.00065	0.02304	-0.02229	0.01066	-0.00479	0.02199	0.03828	0.03329	0.03041	1.75937
油藏 5	前10年月产油	总生产天数	前2年月产油	月注水量	含水率	前7年月产油	前10年总井数	总井数	前5年月产油	措施月增油	前3年月产油	前7年月产油
	0.0236	0.00215	0.01841	0.00055	-0.16719	0.03079	-0.0577	0.14066	0.01827	0.00809	-0.00746	0.00009

以油藏 5 为例，展示各特征对平均日产油的贡献权重情况见表 8.8。

表 8.8　油藏 5 各特征对平均日产油的贡献权重

特征名称	权重值
前 10 年月产油	0.0236
总生产天数	0.00215
前 2 年月产油	0.01841
月注水量	0.00055
含水率	−0.16719
前 7 年月产油	0.03079
前 10 年总井数	−0.0577
总井数	0.1407
前 5 年月产油	0.01827
措施月增油	0.00809
前 3 年月产油	−0.00746
前 7 年总井数	−0.00009
前 2 年总井数	−0.14119
截距	15.825403

8.4.4　酸化措施指标预测

以某油藏为例，整理的酸化措施数据见表 8.9。

表 8.9　某油藏酸化措施数据

酸化年份	酸化月份	酸化总井次	酸化天数 /d	酸化生产天数 /d	酸化月增油 /t	酸化日增油 /t
2008	12	0	0	0	0	0
2009	1	5	26	148.20	173	1.1420
2009	2	6	33	183.50	141	0.7650
2009	3	4	33	122.90	63	0.50
2009	4	1	7	31	12	0.39
2009	5	1	7	31	13	0.42
2009	6	1	7	30	14	0.48
2009	7	1	7	30.90	15	0.48
2009	8	1	7	30	16	0.52
2009	9	1	7	31	21	0.68
2009	10	0	0	0	0	0
2009	11	0	0	0	0	0
2009	12	0	0	0	0	0
2010	1	20	294	604.20	693	1.1235
2010	2	21	291	637.80	824	1.2929
2010	3	21	300	636.20	731	1.1243

续表

酸化年份	酸化月份	酸化总井次	酸化天数 /d	酸化生产天数 /d	酸化月增油 /t	酸化日增油 /t
2010	4	20	279	593.80	575	0.9455
2010	5	20	273	607.30	544	0.8810
2010	6	13	102	394.50	317	0.7931
2010	7	9	72	271.40	275	1.0022
2010	8	4	42	123	117	0.9450
2010	9	2	30	60.40	30	0.49
2010	10	1	24	30.60	28	0.90
2010	11	0	0	0	0	0
2010	12	0	0	0	0	0

采用机器学习线性回归算法、多元非线性回归算法对四个油藏酸化措施进行模型训练，选取最好模型分别预测 2020 年对齐到第 1 个月到第 12 个月酸化日增油。线性回归与多元非线性回归预测建模效果对比见表 8.10。

表 8.10　两种算法预测结果对比（酸化）

油藏名称	线性回归算法		多元非线性回归算法	
	相关系数 /%	平均绝对误差	相关系数 /%	平均绝对误差
油藏 1	72.40	0.148	86.30	0.191
油藏 2	71.60	0.071	9.60	0.210
油藏 3	87.00	0.061	84.30	0.124
油藏 4	42.50	0.172	55.40	0.875

以油藏 1 为例，在施加了酸化措施后，2020 年满 1 个月到满 12 个月每月日增油预测结果见表 8.11。

表 8.11　2020 年平均单井日产油预测（酸化）

投产满 N 个月	真实值	线性回归算法预测值	误差值	多元非线性回归算法预测值	误差值
2020 年满 1 个月	0.64	0.75	0.11	0.74	0.1
2020 年满 2 个月	0.77	0.93	0.16	1.01	0.24
2020 年满 3 个月	0.72	0.88	0.16	0.91	0.19
2020 年满 4 个月	0.71	0.76	0.05	1.14	0.43
2020 年满 5 个月	0.72	0.69	−0.03	1.15	0.43
2020 年满 6 个月	0.55	0.49	−0.06	0.78	0.23
2020 年满 7 个月	0.68	0.56	−0.12	0.84	0.16
2020 年满 8 个月	0.76	0.55	−0.21	0.72	−0.04
2020 年满 9 个月	0.71	0.49	−0.22	0.63	−0.08
2020 年满 10 个月	0.34	0.34	0	0.26	−0.08
2020 年满 11 个月	0.09	0.35	0.26	0.19	0.1
2020 年满 12 个月	0	0.38	0.38	0.23	0.23

从以上结果可以看出，在对酸化措施进行模型训练时，采用线性回归算法、多元非线性回归算法训练的模型准确度都很低，后面还可以尝试增加更多油藏、其他算法来进行对比。

8.4.5 压裂措施指标预测

以塞 6 油藏为例，采用机器学习线性回归算法、多元非线性回归算法对三个油藏压裂措施进行模型训练，选取最好模型分别预测了 2020 年对齐到第 1 个月到第 12 个月压裂日增油。线性回归与多元非线性回归预测建模效果对比见表 8.12。

表 8.12　两种算法预测结果对比（压裂）

油藏名称	线性回归算法		多元非线性回归算法	
	相关系数 /%	平均绝对误差	相关系数 /%	平均绝对误差
油藏 1	86.80	0.275	97.60	0.204
油藏 2	−0.72	0.349	79.90	0.147
油藏 3	92.90	0.214	65.00	1.310

以油藏 1 为例，在施加了压裂措施后，2020 年满 1 个月到满 12 个月每月日增油预测结果见表 8.13。

表 8.13　2020 年平均单井日产油预测（压裂）

投产满 N 个月	真实值	线性回归算法预测值	误差值	多元非线性回归算法预测值	误差值
2020 年满 1 个月	0.88	0.92	0.04	1.1	0.22
2020 年满 2 个月	0.99	1.18	0.19	1.27	0.28
2020 年满 3 个月	1.08	0.97	−0.11	1.45	0.37
2020 年满 4 个月	1.35	1.14	−0.21	1.78	0.43
2020 年满 5 个月	1.17	0.94	−0.23	1.49	0.32
2020 年满 6 个月	1.04	0.75	−0.29	1.32	0.28
2020 年满 7 个月	1.37	0.89	−0.48	1.45	0.08
2020 年满 8 个月	1.29	0.78	−0.51	1.325	0.035
2020 年满 9 个月	0.99	0.67	−0.32	1.02	0.03
2020 年满 10 个月	0	0.32	0.32	0.14	0.14
2020 年满 11 个月	0	0.32	0.32	0.14	0.14
2020 年满 12 个月	0	0.32	0.32	0.14	0.14

从以上结果可以看出，在对压裂措施进行模型训练时，采用线性回归算法、多元非线性回归算法训练的模型准确度都很低，后面还可以尝试增加更多油藏、其他算法来进行对比。

参 考 文 献

[1] 谷建伟，周鑫，王硕亮. 基于 Lasso 算法的油田产量预测方法 [J]. 科学技术与工程，2020，20（26）：10759-10763.

[2] 章雨，李少华，李俊仪，等. 环江油田长 6 储层基于多元回归分析的产能评价 [J]. 油气井测试，2019，28（2）：68-72.

[3] 宋宣毅，刘月田，马晶，等. 基于灰狼算法优化的支持向量机产能预测 [J]. 岩性油气藏，2020，32（2）：134-140.

[4] 李彦尊，白玉湖，陈桂华，等. 基于人工神经网络方法的页岩油气产量预测新技术——以美国 Eagle Ford 页岩油气田为例 [J]. 中国海上油气，2020，32（4）：104-110.

[5] 李智超，赵正文，钟仪华，等. 小波神经网络在油田产量预测中的应用 [J]. 大庆石油地质与开发，2008，27（6）：52-54.

[6] 陈娟，黄浩勇，刘俊辰，等. 基于 GA-BP 神经网络的长宁地区页岩气水平井产能预测技术 [J]. 科学技术与工程，2020，20（5）：1851-1858.

[7] 马承杰. 基于循环神经网络的油藏产量预测方法 [J]. 内蒙古石油化工，2021，47（5）：108-112.

[8] 谷建伟，隋顾磊，李志涛，等. 基于 ARIMA-Kalman 滤波器数据挖掘模型的油井产量预测 [J]. 深圳大学学报（理工版），2018，35（6）：575-581.

[9] 谷建伟，周梅，李志涛，等. 基于数据挖掘的长短期记忆网络模型油井产量预测方法 [J]. 特种油气藏，2019，26（2）：77-81.

[10] 任燕龙，谷建伟，崔文富，等. 基于改进果蝇算法和长短期记忆神经网络的油田产量预测模型 [J]. 科学技术与工程，2020，20（18）：7245-7251.

[11] 薛永超，袁志乾，金青爽，等. 基于深度森林算法的油井产量预测 [J]. 科学技术与工程，2022，22（11）：4327-4334.

[12] 赵迎，杨炳森，卫乾，等. 油气藏合理配产的研究现状与展望 [J]. 中国石油和化工标准与质量，2023，43（11）：121-123.

[13] R.V.Smith. 实用天然气工程 [M]. 俞经方译. 北京：石油工业出版社，1998.

[14] Howesd. 水驱气藏开发与开采 [M]. 石油学院天然气勘探开发培训中心，1996.

[15] 孙贺东，钟世敏，万玉金，等. 涩北气田多层合采优化配产及动态预测 [J]. 天然气工业，2008，28（12）：3.

[16] 唐海. 气井（藏）动态优化配产方法研究 [J]. 天然气工业，1998，18（3）：4.

[17] 冯曦，钟兵，刘义成，等. 优化气井配产的多因素耦合分析方法及其应用 [J]. 天然气工业，2012，32（1）：4.

[18] 杨晓丽，熊涛，邵克拉，等. 玛河气田调产模型研究应用 [C]//2016 年全国天然气学术年会论文集，2016.

[19] 张海波，王蕾蕾，刘志军，等. 苏里格南区马五₅气藏产水气井合理配产研究 [J]. 油气藏评价与开发，2016，6（1）：14-17.

[20] 廖勇，帅永乾，卢立泽，等. 气井（藏）动态优化配产软件系统设计与实现 [J]. 西南石油学院学报，2003（2）：3-4，24-26.

[21] 贾晓飞，马奎前，李云鹏，等. 基于剩余油分布的分层注水井各层配注量确定方法 [J]. 石油钻探技术，2012，40（5）：72-76.

[22] 上官永亮，赵庆东，宋杰，等. 注水井合理配注方法研究 [J]. 大庆石油地质与开发，2003，22（3）：3.

[23] 万茂雯. 多层合采断块油藏配产配注优化方法研究 [D]. 中国石油大学（华东），2015.

[24] 马奎前，陈存良，刘英宪. 基于层间均衡驱替的注水井分层配注方法 [J]. 特种油气藏，2019，26

（4）：109-112.

[25] 王建君，熊钰，叶冰清，等．注水井合理配注方法研究—以双河区块Ⅵ油组为例 [J]．石油地质与工程，2010，24（4）：8-9，73-75.

[26] 范海娇，杨二龙．二三结合模式下水驱与化学驱配产配注优化 [J]．石油化工高等学校学报，2019，32（5）：90-95.

[27] 雍岐东，李士伦，张斌．成组气田开发大系统规划与决策方法研究 [C]// 发展的信息技术对管理的挑战——99 管理科学学术会议专辑（上），1999.

[28] 宋艳波，潘志坚，胡永乐，等．适用于油气田配产的交互式规划新方法 [J]．天然气工业，2004（12）：149-151，200.